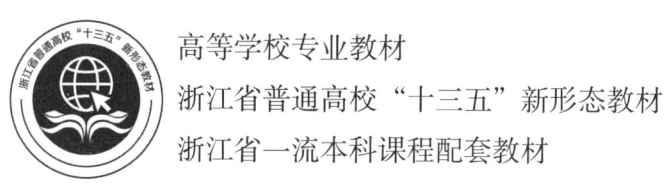

高等学校专业教材
浙江省普通高校"十三五"新形态教材
浙江省一流本科课程配套教材

生物化学实验

主　编 ◎ 孙梅好　　蒲首丞
副主编 ◎ 张晓勤　　杜照奎　　郭天荣

中国轻工业出版社

图书在版编目（CIP）数据

生物化学实验/孙梅好，蒲首丞主编；张晓勤，杜照奎，郭天荣副主编. — 北京：中国轻工业出版社，2021.12

ISBN 978-7-5184-3741-2

Ⅰ.①生… Ⅱ.①孙… ②蒲… ③张… ④杜… ⑤郭… Ⅲ.①生物化学-实验-高等学校-教材 Ⅳ.①Q5-33

中国版本图书馆 CIP 数据核字（2021）第 232234 号

责任编辑：罗晓航
策划编辑：伊双双 罗晓航　　责任终审：劳国强　　封面设计：锋尚设计
版式设计：砚祥志远　　　　　责任校对：吴大朋　　责任监印：张　可

出版发行：中国轻工业出版社（北京东长安街 6 号，邮编：100740）
印　　刷：三河市国英印务有限公司
经　　销：各地新华书店
版　　次：2021 年 12 月第 1 版第 1 次印刷
开　　本：787×1092　1/16　印张：10
字　　数：160 千字
书　　号：ISBN 978-7-5184-3741-2　定价：48.00 元
邮购电话：010-65241695
发行电话：010-85119835　传真：85113293
网　　址：http://www.chlip.com.cn
Email：club@chlip.com.cn
如发现图书残缺请与我社邮购联系调换
210426J1X101ZBW

本书编写人员

主　编　孙梅好（浙江师范大学）
　　　　蒲首丞（浙江师范大学）

副主编　张晓勤（杭州师范大学）
　　　　杜照奎（台州学院）
　　　　郭天荣（绍兴文理学院）

参　编　徐丽珊（浙江师范大学）
　　　　曹诣斌（浙江师范大学）
　　　　杨　莉（浙江师范大学）
　　　　宗　宇（浙江师范大学）
　　　　袁　熹（浙江师范大学）
　　　　赵江哲（浙江师范大学）
　　　　巩菊芳（浙江师范大学）

前言

"生物化学"是生物学、医学、农学等相关专业的一门必修课程,其内容主要涵盖蛋白质、糖类、脂类、核酸等生物大分子的结构与功能、代谢及其调控、遗传信息等。"生物化学实验"是"生物化学"的配套实践课程,通过让学生动手实践生物物质的分离、分析和鉴定,熟悉物质代谢的研究方法,加深对生物化学知识的理解,提高学生发现问题、分析问题和解决问题的能力。生物化学实验技术是生命科学研究领域、临床诊疗应用领域中的重要基础技术,是生物学、医学、农学等相关专业学生必须掌握的基本实践技能。本教材适用于高等院校生物化学实验的教学,可供生物科学、生物技术、临床医学、医学检验、药学、护理、应用化学等专业选择使用。

本教材包括生物物质分离实验、生物物质定量实验、生物物质代谢实验、综合性实验共四章二十九个实验项目,特色是实验过程的可视化和教学引入的生活化。本教材设置了两个荧光蛋白质相关实验,实现实验过程的可视化,改进了脂肪酸 β 氧化、血糖、乳酸脱氢酶、谷丙转氨酶等的测定方法,通过酶偶联法的实时检测等,提高学生的学习兴趣和积极性。通过生活化问题的教学引入以及教材内容的分离、定量技术方法分类,培养学生发现问题、分析问题、解决问题的能力,促进学生对不同技术方法应用的理解、体会。本教材中大部分实验项目配有实验操作视频,有利于学生的预习、复习。此外,本教材将实验项目的实验目的模块分解为教学目标的知识、能力和素养目标三部分,有利于课程思政的系统设计与实施。

本教材获浙江师范大学教材建设基金立项资助。编写团队依托浙江省一流本科课程和浙江省高等学校课程思政示范课程"生物化学实验",根据积累多年的一线实践教学经验和对相关实验的改进，参考国内外的教材，编写本教材。鉴于编者水平和能力有限，疏漏之处在所难免，敬请读者批评指正。

编者

2021 年 8 月

目 录

第一章　生物物质分离实验 ... 1

- 实验一　氨基酸的分离——纸层析法 ... 3
- 实验二　氨基酸的分离——离子交换层析法 ... 7
- 实验三　糖的分离——薄层层析法 ... 11
- 实验四　血清蛋白的分离——聚丙烯凝胶电泳 ... 15
- 实验五　蛋白质的分离——十二烷基硫酸钠聚丙烯酰胺凝胶电泳（SDS-PAGE） ... 19
- 实验六　荧光蛋白的分离——凝胶层析 ... 26
- 实验七　牛乳中酪蛋白的制备与鉴定 ... 30

第二章　生物物质定量实验 ... 33

- 实验一　蛋白质含量的测定——凯氏定氮法 ... 35
- 实验二　蛋白质浓度的测定——考马斯亮蓝染色法 ... 40
- 实验三　质粒脱氧核糖核酸（DNA）的提取与浓度测定 ... 43
- 实验四　可溶性糖含量的测定——蒽酮比色法 ... 50
- 实验五　果胶含量的测定——咔唑比色法 ... 54
- 实验六　血糖含量的测定——葡萄糖氧化酶法 ... 58
- 实验七　粮食中脂肪含量的测定——索氏提取法 ... 63
- 实验八　油脂酸价的测定 ... 67
- 实验九　油脂过氧化值的测定 ... 70
- 实验十　水果中维生素C含量的测定——钼酸铵法 ... 73
- 实验十一　植物中过氧化物酶活性的测定 ... 76

实验十二　植物源酪氨酸酶抑制剂的筛选 ··· 80
　实验十三　蔗糖酶米氏常数的测定 ··· 83

第三章　生物物质代谢实验 ·· 87
　实验一　乳酸脱氢酶（LDH）活性的测定 ··· 89
　实验二　肝匀浆中谷丙转氨酶（GPT）活性的测定 ···································· 92
　实验三　脂肪酸 β 氧化的测定 ··· 96
　实验四　尿液中尿酸含量的测定——分光光度法 ······································ 100

第四章　综合性实验 ··· 103
　实验一　苯丙氨酸解氨酶的分离、活性与比活力的测定 ···························· 105
　实验二　荧光蛋白的表达纯化分析 ··· 111
　实验三　小鼠血清清蛋白的分离纯化与纯度鉴定 ···································· 115
　实验四　细胞色素 C 的分离纯化与纯度鉴定 ··· 122
　实验五　乳酸脱氢酶（LDH）同工酶的分离纯化 ···································· 126

附　录 ··· 133
　附录一　常用缓冲溶液的配制方法 ··· 135
　附录二　常用蛋白质相对分子质量（Mr）标准参照物 ····························· 143
　附录三　实验室常用酸碱溶液的密度和浓度 ·· 144
　附录四　常见蛋白质分子质量参考值 ·· 145
　附录五　常见蛋白质等电点参考值 ··· 147
　附录六　硫酸铵饱和度常用表 ·· 150

参考文献 ··· 152

第一章

生物物质分离实验

实验一　氨基酸的分离——纸层析法

教学目标

知识目标：熟悉层析的原理、不同常见氨基酸的特性。

能力目标：掌握纸层析的操作步骤以及实验注意事项。

素养目标：培养学生生态健康与可持续发展的理念，小组团结合作的精神，严谨求实的科学态度，诚信、敬业的精神等。

一、实验背景

层析（chromatography）是"色层分析"的简称，是利用各组分物理性质的不同，将多组分混合物进行分离及测定的方法。依据分离的原理不同，又分为吸附层析、分配层析等。多用于有机化合物、金属离子、氨基酸等的分析。

纸层析是以滤纸为惰性支持物的一种分配层析法，称作纸层析法。它是利用物质在不同的两相（固定相和流动相）中分配、吸附以及亲合作用的差异，而使混合物中各组分达到分离的方法。

分配系数（K）指溶质在互不相容的两种溶剂中的浓度的比值。溶质移动速率（Rf）等于原点到溶质层析点的距离/原点到溶剂前沿点的距离。

本实验中，水作为固定相，有机溶剂作为流动相。利用不同氨基酸的极性和分子大小不同，导致其 K 值、Rf 值各异。展层时各氨基酸随展层剂在两相溶液中不断进行分配，以不同的移动速率在滤纸上形成距原点不等的层析点，从而得到分离。

展层过的滤纸，用茚三酮正丁醇溶液喷雾，可使各氨基酸层析斑点显示出来。如图 1 所示。

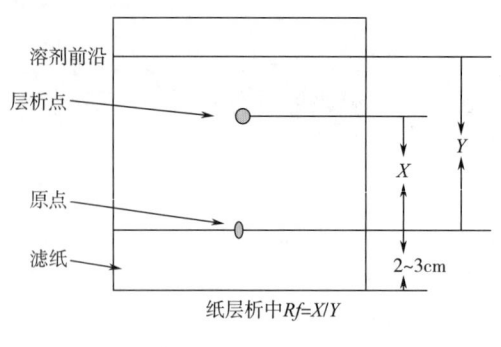

图 1　纸层析示意图

二、实验器材和试剂

1. 器材

层析缸，毛细管，培养皿，喷雾器，层析滤纸。

2. 试剂

5 种氨基酸及混合氨基酸，浓度均为 5mg/mL。5 种氨基酸分别为赖氨酸、甘氨酸、脯氨酸、缬氨酸、亮氨酸。

扩展剂：4 份水饱和的正丁醇和 1 份冰乙酸的混合物，即将 20mL 正丁醇和 5mL 冰乙酸放入分液漏斗中，与 15mL 水混合，充分震荡，静置后分层，放出下层水层。取漏斗内的扩展剂约 5mL 置于小烧杯中做平衡溶剂，其余倒入培养皿中备用。

显色剂：1g/L 水合茚三酮乙醇溶液（临用配置）50~100mL。

三、实验步骤

1. 滤纸画线

每组取新华滤纸（22cm×14cm）一张，用铅笔和小尺，在纸的一端距边缘 2.5cm 处用铅笔画一条直线，所画基线应与滤纸纹路垂直，在此直线上每间隔 2cm 做一记号。

2. 点样

取 6 根毛细管，按编号分别取赖氨酸、甘氨酸、脯氨酸、缬氨酸、亮氨酸和混合样液。每点一次样，迅速用吹风机吹干，然后再点一次。注意每点在纸上扩散的直径最大不超过3mm。

3. 展层

将滤纸卷成圆桶状（各样点均在圆桶的内侧和下端），用订书机接合，其接合处不能重叠。将盛有约20mL扩展剂的培养皿迅速置于密闭的层析缸中。滤纸桶轻轻垂直放入展层缸内的培养皿中央，勿与缸壁接触。盖上缸盖，采用上行法展层几小时，待展层剂上升15~20cm时即取出滤纸，展层完毕。用铅笔描出溶剂前沿界线。

4. 氨基酸显色

先用电吹风将滤纸吹干，拆去订书钉，展平滤纸，然后用茚三酮乙醇溶液喷雾在整个滤纸上，再用电吹风吹干滤纸或置60℃烘箱内烘干显色，显色后的斑点用铅笔圈出。

5. 计算

在实验报告上画出层析结果图，并计算各氨基酸的 Rf 值。

四、注意事项

（1）手不能直接接触滤纸。

（2）点样要仔细，防止手上或其他物质污染滤纸；电吹风温度不可太高，防止烧及样点。

（3）滤纸卷成圆桶状时其接合处不能重叠，不能歪斜，圆桶不能有凹肚现象。

思考题

1. 在用层纸析法对物质进行定性分析时，我们强调要用已知成分去对照层析，然后比较 Rf 值，而不用书上有关表中所列各种物质的 Rf 值去进行分析比较来得出结论（表中所列各种物质的 Rf 值，仅作参考），这是为什么？

2. 在纸层析中，为什么要规定点样间距、样点直径大小、样品中含量的范围等这些数值？

3. 在某一纸层析中，物质A的 Rf 值大小，请问你可以用哪些措施，在下次纸层析中使它的 Rf 值变大？

教学课件

教学视频

实验二　氨基酸的分离——离子交换层析法

教学目标

知识目标：熟悉离子交换柱层析分离氨基酸的原理。
能力目标：掌握离子交换柱层析分离氨基酸的操作步骤以及实验注意事项。
素养目标：培养学生的爱国情怀、严谨求实的科学态度以及团队合作精神。

一、实验背景

中医药是我国的国粹，中药现代化是研究热点，其中分离纯化中药功效成分是必不可少的；生物成分通过分离纯化可作为药物、食品和试剂等；柱层析是生物分子分离纯化的重要技术之一。

离子交换层析法主要是利用溶液中各种带电离子与离子交换剂之间的结合力的差异进行的分离方法。各种氨基酸分子的等电点不同，在同一pH溶液中所带电荷不同，与离子交换树脂的结合力有差异，因此可依据结合力从小到大的顺序被洗脱液洗脱下来，达到分离的效果。

离子交换剂由基质（惰性不溶性载体）、电荷基团（功能基团）和反离子（平衡离子）三部分组成。离子交换剂的分类：按载体种类不同，分为离子交换树脂、离子交换纤维素、离子交换凝胶；按功能基团带电荷性质不同，分为阳离子交换剂——功能基团带负电荷、阴离子交换剂——功能基团带正电荷。

本实验用苯乙烯季铵型阴离子交换树脂（717型）分离天冬氨酸（Asp，pI = 2.97）和赖氨酸（Lys，pI = 9.74）的混合液。在特定的pH条件下，酸性氨基酸（天冬氨酸）和碱性氨基酸（赖氨酸）的解离程度不同，所以与离子交换树脂的亲和力也不同，通过改变洗脱液的 pH 或离子强度可分别洗脱而达到分离。

二、实验器材和试剂

1. 器材

12cm×1cm 层析管，蠕动泵，部分收集器，烘箱。

苯乙烯季铵型阴离子交换树脂（717 型），试管，橡皮管，量筒。

2. 试剂

2mol/L 盐酸溶液，2mol/L 氢氧化钠溶液，蒸馏水。

混合氨基酸溶液：天冬氨酸（Asp）2mg/mL，赖氨酸（Lys）5mg/mL。

柠檬酸-氢氧化钠-盐酸缓冲液（pH 4.5）：柠檬酸 57.0g，氢氧化钠 37.2g，加少量水溶解，再加入浓盐酸 21mL 混匀，稀释至总体积约 2000mL，pH 计调节 pH 至 4.5，定容至 2000mL。

显色剂（茚三酮溶液）：1g/L 茚三酮，95% 乙醇。

三、实验步骤

1. 装柱前准备

树脂的处理：将干的碱型树脂用蒸馏水浸泡过夜，使之充分溶胀。用 4 倍体积的 2mol/L 氢氧化钠浸泡 2h，倾去清液，洗至中性，用 4 倍体积的 2mol/L 盐酸浸泡 2h，倾去清液，洗至中性。再用 2mol/L 氢氧化钠处理，做法同上。最后用蒸馏水浸泡。

2. 装柱

将干净的层析柱垂直置于铁架上，关闭层析柱出口，自顶部注入上述经处理的树脂悬浮液，待树脂沉降后，放出过量溶液，再加入一些树脂，至树脂沉降至 8~10cm 的高度即可。

3. 平衡

接通蠕动泵，用蒸馏水流过层析柱，调节流速 1mL/min，流出液达到树脂体积的 2~3 倍时即可上样。

4. 加样

打开层析柱出口放出柱中过量溶液，至柱内液面凹面与树脂顶端平面相切，关闭层析柱出口,在柱上端沿内壁转动加入氨基酸混合液 0.5mL;打开层析柱出口,当样品液凹面与树脂平面相切时,在柱上端沿内壁转动加入少量蒸馏水;打开层析柱出口,使样品液凹面与树脂平面相切,再加入一定量蒸馏水。整个过程都要保证勿使树脂露出液面。

5. 洗脱

将柱与蠕动泵和部分收集器相连,用蒸馏水为洗脱液洗脱,调节流速 1mL/min,每管收集 1mL,收集至 13 管后改用柠檬酸-氢氧化钠-盐酸缓冲液(pH 4.5)为洗脱液洗脱,再收集 17 管,共收集约 30 管。洗脱时流速尽可能保持恒定。

6. 检测

用铅笔在滤纸上画上多个小圈并编号,用玻璃棒把部分收集仪上试管中的溶液滴一滴到滤纸上相应编号的小圈中,滤纸烘干后均匀喷茚三酮溶液,90℃显色 5~10min。如图 1 所示。

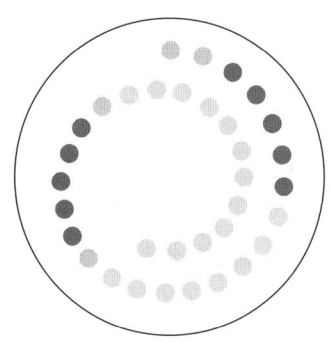

图 1　洗脱液显色图

7. 绘制洗脱曲线

以试管编号为横坐标,颜色深浅为纵坐标,作图。如图 2 所示。

四、注意事项

(1) 整个操作过程,层析柱要垂直。
(2) 装柱时注意防止液面低于交换树脂平面以及气泡的产生。
(3) 加样时不能使树脂平面破坏。
(4) 洗脱时流速要尽可能保持恒定。

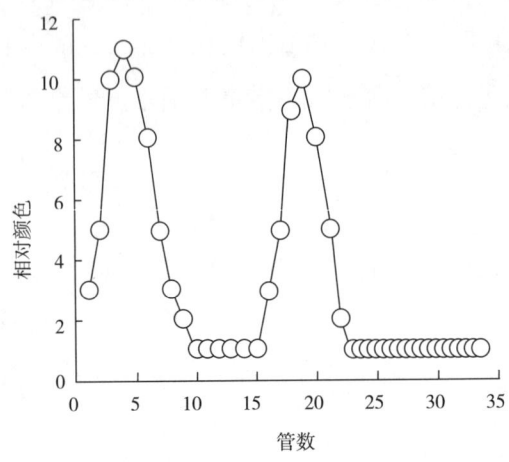

图 2　洗脱液色谱图

（5）检测时，点完一个试管中的溶液，玻璃棒须洗净、擦干后再点另一个试管中的溶液，并尽量保证每个点样点大小一致；茚三酮溶液须喷均匀；滤纸须防止污染。

1. 本实验所用树脂预处理时为什么是碱—酸—碱，而不是酸—碱—酸？
2. 本实验中哪个氨基酸先流出，为什么？

教学课件

教学视频

实验三　糖的分离——薄层层析法

教学目标

知识目标：熟悉薄层层析分离糖的原理。

能力目标：掌握薄层层析分离糖的操作步骤及实验注意事项。

素养目标：培养学生严谨的科学态度，团队合作精神，爱国情怀以及食品安全与健康的理念。

一、实验背景

中医药在疾病防控中起着一定作用，而中药的鉴定、真伪判断会用到薄层层析；在食品安全方面，食物中毒时中毒物的确定也会用到薄层层析技术。

薄层层析是一种快速而微量的层析法，是将固定相均匀涂在薄板上，以合适的溶剂为流动相，对混合样品进行分离、鉴定和定量的一种层析分离技术。主要有吸附薄层层析和分配薄层层析。

吸附薄层主要是利用吸附剂对样品中各成分吸附能力的不同，以及展开剂对它们的解吸附能力的不同，使各成分达到分离。

硅胶是一种常见的极性吸附剂，有硅胶 H（不含黏合剂）、硅胶 G（含黏合剂）、硅胶 HF254（含荧光物质）、硅胶 GF254（含荧光物质）。硅胶 H 是黏性差的纯硅胶，其特性是能用腐蚀性显色剂检测。

糖为多羟基化合物，具有较强的极性，糖与硅胶分子有一定的吸附力，其吸附能力大小取决于糖的分子质量和羟基数目，即不同的糖分子因分子质量及羟基数的不同，导致与硅胶分子间的吸附力不同。不同糖分子在硅胶薄层上展开过程中移动的距离不同，从而将各种糖分离出来。其中各种糖移动的速率可用 Rf 值表示。通过与标准糖的 Rf 值比较，即可鉴定出成分中糖的种类。将点样点附近的吸附剂刮去，使溶剂前沿呈弧状的展开方式径向展开，这种方式可以提高分辨率。

本次实验是以硅胶 H 为吸附剂的径向薄层层析来分离不同糖分子（鼠李糖 $C_6H_{12}O_5$ 分子质量 164u、葡萄糖 $C_6H_{12}O_6$ 分子质量 180u）。

二、实验器材和试剂

1. 器材

烧杯，量筒，研钵，玻璃板（5cm×15cm），分析天平，刀片，尺子，铅笔，层析缸，微量注射器，吹风机，烘箱，喷雾器。

2. 试剂

（1）硅胶 H。

（2）展开剂　乙酸乙酯∶甲醇∶乙酸∶水 = 12∶3∶3∶2（体积比），新鲜配制。

（3）显色剂　苯胺-二苯胺-磷酸试剂：2g 二苯胺，2mL 苯胺，10mL 85%（体积分数）磷酸，1mL 浓盐酸，100mL 丙酮，溶解后摇匀。

（4）混合糖溶液　取鼠李糖、葡萄糖用 75% 乙醇配置成 30mg/mL。

三、实验步骤

1. 玻璃板的准备

取表面干净、平整、光滑的玻璃板，酒精棉球擦拭，吹风机吹干，备用。

2. 硅胶 H 薄板的制备

2.5g 硅胶 H 加 8.0mL 5g/L 羧甲基纤维素（CMC）溶液，研磨数分钟后，倒在预先准备好的玻璃板上，铺开，使浆液分布均匀，放在水平台上，自然晾干。

3. 薄板的活化

105℃，60min。

4. 薄板的刮分

按图 1 所示刮去阴影部分的硅胶。

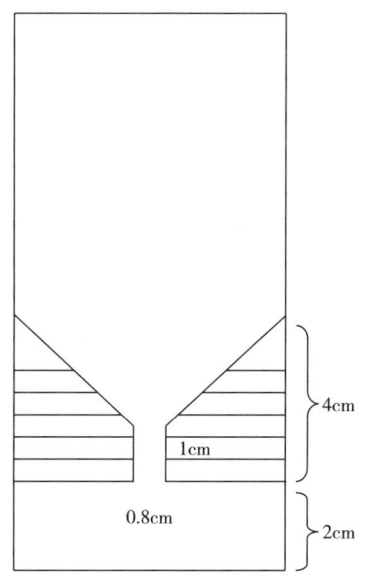

图 1 薄层层析示意图

5. 点样

在硅胶最窄处点样，样品为混合糖，点样量约 10μL，点样点直径一般不大于 5mm。

6. 展层

在层析缸中加入适量的展开剂，密闭保持 15~30min。将已点样的薄板点样一端朝下放入盛有展开剂的层析缸中，展层剂液面不得超过点样点，密闭，自下向上展开。当溶剂前沿距薄板顶端约 3cm 处，取出薄板，晾干。

7. 显色

均匀喷雾显色剂后 85℃ 显色 10min。

8. 计算

根据斑点颜色及 Rf 值可分离糖（图1）。

$$Rf 值 = \frac{原点到组分斑点中心的距离}{原点到溶剂前沿的距离}$$

四、注意事项

（1）玻璃板表面须平整、光滑、清洁，涂板要均匀。

（2）薄板活化后冷却的速度不能过快。

（3）点样点的直径小于5mm，如点样量多的话点样要少量多次，吹风机风力不能过大。

1. 为什么径向薄层层析比普通薄层层析分辨率高？
2. 为什么薄层层析前薄板一定要活化？

教学课件

教学视频

实验四　血清蛋白的分离——聚丙烯凝胶电泳

教学目标

知识目标：熟悉聚丙烯酰胺凝胶电泳的原理。

能力目标：掌握聚丙烯酰胺凝胶圆盘电泳的操作技术。

素养目标：通过对电泳这一关键的生化分离与鉴定技术的学习，以及对丙烯酰胺单体防护的介绍，提高学生对实验室安全重要性的认识。

一、实验背景

电泳（EP）是电泳现象的简称，指的是带电颗粒在电场作用下，向着与其电性相反的电极移动的现象。聚丙烯酰胺凝胶电泳（PAGE），是以聚丙烯酰胺凝胶作为电泳介质的电泳。

聚丙烯酰胺是由单体丙烯酰胺（Acr）和交联剂 N,N'-甲叉双丙烯酰胺（Bis）在催化剂过硫酸铵（AP）或核黄素和加速剂 N,N,N',N'-四甲基乙二胺（TEMED）的作用下，聚合交联而成的三维网状结构的凝胶。聚丙烯酰胺凝胶具有网状结构，其网眼的孔径大小可用改变凝胶液中单体的浓度来加以控制。一般分离蛋白质选用7.5%（质量分数）聚丙烯酰胺凝胶，分离比较大的分子，如核糖体核酸时则用2.5%（质量分数）凝胶。

蛋白质电泳作为一种蛋白质的分离分析技术，蛋白质在缓冲液中可以带电荷，在电场中向阳极移动，不同的蛋白质分子具有不同的电泳迁移率，蛋白质在介质中的移动速率与其分子的高级结构、形状、大小和所带的电荷量有关。血清蛋白含有清蛋白以及 α_1、α_2、β、γ-球蛋白等，在电场中根据其蛋白质分子质量等不同结构特性进行迁移而分离。

二、实验器材和试剂

1. 器材

电泳仪，圆盘电泳槽，电泳玻璃管，脱色摇床，橡胶塞，微量注射器长针头，注射器，烧杯，移液管，培养皿。

血清（或其他蛋白质样品）。

2. 试剂

（1）凝胶储备液

1 号液：pH 8.9 三羟甲基氨基甲烷–盐酸（Tris-HCl）缓冲液：称取 Tris 18.3g，用 HCl 调至 pH 8.9，加水定容至 50mL。

2 号液：300g/L Acr-8g/L Bis 溶液：75g 丙烯酰胺（Acr），N,N'-甲叉双丙烯酰胺（Bis）2.0g，用去离子水溶解定容至 250mL。

3 号液：100g/L 过硫酸铵（AP）溶液。

（2）电泳缓冲液　pH 8.3 三羟甲基氨基甲烷–甘氨酸（Tris-Gly）缓冲液：称取甘氨酸 2.88g，Tris 0.6g 加水定容至 1000mL。

（3）染色液　5g/L 氨基黑的 7%（体积分数）乙酸溶液。

（4）脱色剂　7%（体积分数）冰乙酸。

三、实验步骤

1. 凝胶的制备

（1）准备工作　电泳玻璃管（带橡胶塞）的一端用封口膜密封后插到青霉素小瓶盖上，置于有机玻璃试管架上。

（2）按表 1 的比例制备凝胶工作溶液并快速混匀，用滴管将胶加入玻璃管中，当加到玻璃管高度 2/3 时，距胶面约 0.1cm 处沿管壁缓缓加入 3~5mm 高的蒸馏水层，切忌使加入的水呈滴状坠入胶液，这样会使顶部凝胶浓度变稀，改变凝胶孔径。水层放好后，静置胶液使之进行聚合反应。正常情况下 0.5~1h 内完成聚合。刚加水时看出有界面，后逐渐消失，等到再看出界面时表明凝胶已经聚合。

表1　　　　　　　　　　　　　凝胶工作溶液的配制

项目	参数	项目	参数
凝胶浓度/（g/L）	75	2号液/mL	2
双蒸水/mL	1	3号液/mL	4
1号液/mL	2	总体积/mL	8

2. 电泳槽安装

将玻璃管下边封口膜与青霉素小瓶盖除去，下槽中放满缓冲液，把管固定在上槽的洞中，须保证凝胶管垂直和橡胶塞孔密封不漏。管的下端悬一滴缓冲液，再把上槽放在下槽上，避免管下有气泡。管中凝胶表面上部及上槽均灌满电极缓冲液。

3. 加样

将400g/L蔗糖、血清、溴酚蓝按2∶2∶1比例混合，加于白瓷盘凹穴上，用微量注射器吸取30μL上述混合液，小心地加在凝胶与电极缓冲液界面处。

4. 电泳

加完样后接通电源，负极在上，正极在下，开通电源。电流可调节到3~5mA/管。当指示染料迁移到凝胶柱的下端附近时就可停止电泳，关闭电源，取出玻璃管。

5. 剥胶

将注射器吸满水，针头插入凝胶与管壁之间，并紧贴管壁，一面注入水一面慢慢旋转玻璃管并推针前进，靠水流压力和润滑作用使玻璃管内壁与凝胶分开，待水从玻璃管一端流出时，再慢慢将针头退出。然后去掉针头，用注射器向玻璃管中快速注水，将凝胶压出玻璃管。

6. 固定与染色

将取下的胶条放入染色液中，在室温下，固定染色10min。

7. 脱色

将染色完毕的胶条用脱色液浸泡，中间更换1~2次脱色液并浸泡过夜，将浮色脱去，观察染好色的蛋白质带。

四、注意事项

（1）丙烯酰胺（Acr）和N,N'-甲叉双丙烯酰胺（Bis）均具有神经毒性，操作时应戴防护手套。

（2）电泳中电流应保持稳定，避免电流强度过高而产生大量热量。

（3）凝胶柱面应平整，操作过程中不要产生气泡。

（4）用滴管将胶液加入玻璃管后，应立即清洗滴管，避免残留胶液凝聚后堵塞滴管。

相对于连续体系，不连续体系有什么优点？

 新形态教学资源

教学课件

教学视频

实验五　蛋白质的分离——十二烷基硫酸钠聚丙烯酰胺凝胶电泳（SDS-PAGE）

教学目标

知识目标：熟悉十二烷基硫酸钠聚丙烯酰胺凝胶电泳（SDS-PAGE）的原理及其应用。

能力目标：掌握利用SDS-PAGE电泳法测定蛋白质分子质量的操作步骤以及实验注意事项。

素养目标：培养学生的生物伦理道德思想，小组团结合作的精神，严谨求实的科学态度，诚信、敬业的精神等。

一、实验背景

十二烷基硫酸钠聚丙烯酰胺凝胶电泳（SDS-PAGE）是一种常用的生物化学技术。SDS-PAGE常用于蛋白质样品的分析，如纯度的测定、相对分子质量的测定等；还可用于蛋白质混合组分的分离与进一步分析，如电泳后转膜进行氨基酸分析、酶解图谱、序列测定和抗原性质等方面的研究；也可应用于相对分子质量较小的核酸片段分析，如脱氧核糖核酸（DNA）的测序等。

聚丙烯酰胺凝胶为SDS-PAGE电泳的支持物，由单体丙烯酰胺（Acr）和交联剂N,N'-甲叉双丙烯酰胺（Bis）在催化剂过硫酸铵（AP）或核黄素和加速剂N,N,N',N'-四甲基乙二胺（TEMED）的作用下聚合而成凝胶的反应式如下图。

十二烷基硫酸钠（SDS）是一种阴离子去污剂，也是一种蛋白质变性剂，能够破坏蛋白质分子内的氢键和疏水作用，引起蛋白质构象发生变化，使蛋白质去折叠而变性。蛋白质样品中通常还加入β-巯基乙醇，可还原蛋白质分子内与分子间的二硫键，使蛋白质在 SDS 的作用下更容易去折叠，寡聚蛋白质的各亚基解离。变性的蛋白质或亚基与 SDS 结合成复合物，此复合物在水溶液中的形状近似雪茄形的长椭圆棒。同时，SDS 在水溶液中由于钠离子的解离而带上负电荷，当其与蛋白质结合时，所带的负电荷数量远远超过蛋白质原有的电荷，因而消除或掩盖了不同种类蛋白质间原有电荷的差异，使蛋白质均带上相同密度的负电荷。SDS-蛋白质复合物在凝胶中的迁移率不再受蛋白质原有电荷和形状的影响，而只与椭圆棒的长度，也就是蛋白质分子质量相关，因而可利用相对分子质量差异将各种蛋白质分开。

二、实验器材和试剂

1. 器材

垂直板电泳槽，电泳仪电源，磁力搅拌器，pH 计，20μL 微量移液器等。

三羟甲基氨基甲烷（Tris），盐酸（HCl），甘氨酸（Gly），丙烯酰胺（Acr），N,N'-甲叉双丙烯酰胺（Bis），N,N,N',N'-四甲基乙二胺（TEMED），十二烷基硫酸钠（SDS），过硫酸铵（AP），考马斯亮蓝 G250，冰乙酸，乙醇，甘油，牛血清清蛋白（BSA），蛋白质分子质量标准（Marker）。

2. 试剂

（1）1.5mol/L Tris-HCl 分离胶缓冲液（pH 8.8）　18.17g Tris 溶于 80mL 蒸馏水中，磁力搅拌器不断搅动使其溶解，稀 HCl 调节 pH 至 8.8，蒸馏水定容至 100mL，摇匀，4℃保存。

（2）0.5mol/L Tris-HCl 浓缩胶缓冲液（pH 6.8）　6.06g Tris 溶于 80mL 蒸馏水中，磁力搅拌器不断搅动使其溶解，稀 HCl 调节 pH 至 6.8，蒸馏水定容至 100mL，摇匀，4℃保存。

（3）300g/L Acr-Bis 胶贮液　29.2g Acr 溶于 80mL 蒸馏水中，再加入 0.8g Bis 使其完全溶解，定容至 100mL，滤纸过滤，棕色玻璃瓶中 4℃保存。

（4）100g/L SDS　1g SDS 溶于 10mL 蒸馏水中，4℃保存。

（5）100g/L AP　1g AP 溶于 10mL 蒸馏水中，4℃保存，一周内使用。

（6）2×上样缓冲液　浓缩胶缓冲液 2mL，甘油 2mL，100g/L SDS 4mL，1g/L 溴酚蓝 0.5mL，蒸馏水 1.5mL，混匀。

（7）电泳缓冲液　Tris 1.51g，Gly 7.21g，SDS 0.5g，溶于 500mL 蒸馏水，摇匀。

（8）染色液　考马斯亮蓝 G250 0.5g，乙醇 225mL，冰乙酸 25mL，蒸馏水 250mL，摇匀。

（9）脱色液　乙醇 225mL，冰乙酸 25mL，蒸馏水 250mL，摇匀。

三、实验步骤

1. 制备分离胶

洗净电泳槽附带的玻璃板等器材，待其干后根据说明书的指示安装凝胶模（通常由长玻璃板、短玻璃板、橡胶条及样品梳子所组成，如图 1 所示）。

分离胶浓度越高，网孔越密，分离的蛋白质分子质量越小。一般来说，50g/L 的分离胶适合分离分子质量 50~200ku 的蛋白质，75g/L 的分离胶适合分离分子质量 40~100u 的蛋白质，100g/L 的分离胶适合分离分子质量 20~70ku 的蛋白质，120g/L 的分离胶适合分离 20~60ku 的蛋白质，150g/L 的分离胶适合分离分子质量 10~40ku 的蛋白质。本实验分离的 BSA 分子质量为 66.43ku，故选择浓度为 100g/L 的分离胶。

按表 1 中所列试剂用量配制 100g/L 分离胶 10mL。将各溶液加入洁净小烧杯中，

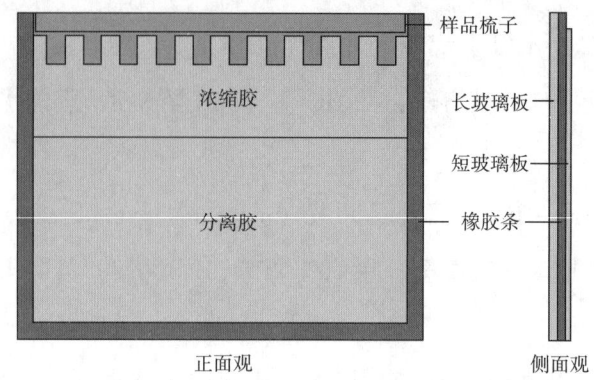

图 1 聚丙烯酰胺凝胶制备示意图

小心混匀，立即用胶头滴管加入双层玻璃板间，直至液面距短玻璃板上沿约 2cm，再在胶液面上小心加注一层蒸馏水，以隔绝氧化，缩短凝胶时间。制胶模型置于室温中使分离胶聚合（通常约 30min，室温不同，凝胶时间长短也不一致），当凝胶与水封层之间出现折射率不同的界线时，意味着分离胶完全聚合，用滤纸条小心地吸取凝胶上层的蒸馏水。

表 1　　分离胶配制表

试剂名称	配制 10mL 不同分离胶时各试剂用量/mL				
	50g/L	75g/L	100g/L	120g/L	150g/L
H_2O	5.20	4.80	4.00	3.30	2.30
300g/L Acr-Bis	1.65	2.50	3.30	4.00	5.00
分离胶缓冲液（pH 8.8）	2.50	2.50	2.50	2.50	2.50
100g/L SDS	0.10	0.10	0.10	0.10	0.10
100g/L AP	0.10	0.10	0.10	0.10	0.10
TEMED	0.005	0.005	0.005	0.005	0.005

2. 制备浓缩胶

按表 2 所列试剂用量配制 40g/L 的浓缩胶 5mL。将浓缩胶混匀后，立即用胶头滴管加到已经聚合完成的分离胶上方，直到液面距短玻璃板上沿约 5mm 处，插入样品梳子，使浓缩胶液面与梳子齿充分接触。制胶模型置于室温中使浓缩胶聚合（通常约 30min）。

表2　　　　　　　　　　　　　　　　浓缩胶配制表

试剂名称	配制5mL不同分离胶时各试剂用量/mL
H$_2$O	3.05
300g/L Acr-Bis	0.65
分离胶缓冲液（pH 8.8）	1.25
100g/L SDS	0.05
100g/L AP	0.005
TEMED	0.025

3. 样品处理

1mL 1g/L BSA样品与1mL 2×上样缓冲液混匀，沸水浴中保温5min，冷却后备用。商品化的蛋白质Marker按说明书操作指南进行处理。

4. 组装电泳模型

小心从制胶模型中取出双层玻璃板，轻轻剥去U形橡胶条（橡胶条回收，以备后用），将梳子一端朝上，短玻璃板朝内，再次将双层玻璃板固定于电极槽内，倒入电泳缓冲液，使内槽液面高于外槽，且内槽液面须没过短玻璃板（否则电路不通），观察数分钟，确保不漏液后再小心地垂直拔出梳子，用力轻柔且均匀，以防止破坏加样孔。

5. 加样

用20μL微量移液器将处理好的样品和蛋白质Marker分别加入不同的凹形样品槽中，加样体积视其浓度和凝胶厚度而定，通常一个样品槽最多可加入20μL样品。

注：微量移液器的白吸头应插入到双层玻璃板的样品槽后再均匀用力按压，样品由于甘油密度较大会自动沉降在槽中。加样结束后，迅速取出移液器，保证样品不要溢出到旁边的槽中，污染其他样品。

6. 电泳

将电泳槽与电泳仪电源的电极连接好（红色电极对红色插孔，黑色电极对黑色插孔），打开电源开关，先恒压80V进行泳动；待溴酚蓝条带进入分离胶后，电压升至120V进行泳动。溴酚蓝条带距分离胶底部约5mm处时关闭电源，停止电泳。

7. 染色

从电泳装置上卸下凝胶模型，取出双层玻璃板，用白吸头小心撬开双层玻璃，刮去浓缩胶，将分离胶的一角切去。使分离胶借助重力作用，缓缓落入装有染色液的培养皿中。手持培养皿轻轻晃动约1min，回收染色液。

8. 脱色

自来水轻轻洗涤3次，每次1min，以去除染色液，再用脱色液脱色5min，条带较为清晰即可。

9. 拍照

将脱色后的胶展开，置于白板上，拍照。

四、注意事项

（1）未聚合的丙烯酰胺具有神经毒性，操作时须带一次性塑料手套或乳胶手套。

（2）聚丙烯酰胺的充分聚合可提高凝胶的分辨率。因此建议凝胶在室温凝固后于室温放置一段时间后再使用，一般可室温下保存3d。忌4℃冰箱放置，因为SDS低温下会结晶析出。

（3）电泳开始前须剥离制胶用的U形橡胶条，否则电路不通。

（4）电极丝冒泡是电泳正常进行的重要提示，电泳过程中应关注这一点。如果电极丝没有冒泡，则提示电泳自动停止，可能的原因是漏液导致内槽的液面低于短玻璃板引起断路。

（5）天气炎热时，电泳槽内温度较高，可能会导致条带不平整，可将电泳槽浸入冰水中降温。

（6）电泳使用220V交流电，切不可带电操作，以防触电。

思考题

1. SDS-PAGE电泳分离蛋白质的原理是什么？
2. 分离胶和浓缩胶制备过程中加入过硫酸铵和TEMED的作用分别是什么？
3. 上样缓冲液中的甘油和溴酚蓝的作用分别是什么？
4. 电泳过程中，电路可能会出现断路的情况，如何判断？可能的原因有哪些？

新形态教学资源

教学课件

教学视频

实验六　荧光蛋白的分离——凝胶层析

教学目标

知识目标：熟悉凝胶过滤的原理和方法，熟悉荧光蛋白的研究历史、荧光色团的形成机制。

能力目标：掌握凝胶过滤层析技术的操作及解决相关问题的能力。

素养目标：培养学生的美育素养，科技创新能力，团结合作精神，诚信、敬业的精神。

一、实验背景

绿色荧光蛋白（GFP）最早由下村修（Osamu Shimomura）等于 1962 年在水母（Aequorea victoria）中发现，是由 238 氨基酸组成的单体蛋白质，分子质量约 27u。GFP 呈圆桶状，由 11 个 β-折叠形成外周，里面有一个 α-螺旋，圆桶的两端包括不规则卷曲。新合成的蛋白质分子内 α-螺旋上第 67 位甘氨酸的 N_α 对第 65 位丝氨酸羧基碳原子的亲核攻击形成咪唑烷酮；在氧气存在的情况下，经第 66 位酪氨酸的 C_α—C_β 键脱氢氧化，形成 4-对羟基苯亚甲基 5-咪唑啉酮发色团。α-螺旋把发色团固定在蛋白质的正中心处，能有效避免外界环境因素的影响，稳定其荧光特性。通过改进荧光蛋白的发光强度，发光颜色等，极大地推动了荧光蛋白在生物学研究中的应用。由于 GFP 性质稳定，灵敏度高，无生物毒性，荧光反应不需要外源反应底物，在表达方面无物种或细胞组织的专一性，检测方便等，其广泛应用于基因表达与调控，蛋白质的定位、转移与相互作用，信号传递，转染与转化，以及细胞的分离与纯化等研究领域。2008 年 10 月，瑞典皇家科学院诺贝尔奖委员会授予美国伍兹霍尔海洋研究所（The Woods Hole Oceanographic Institution）的下村修、哥伦比亚大学的马丁·查尔菲（Martin

Chalfie）和加州大学圣地亚哥分校的钱永健（Roger Y. Tsien）三位科学家 2008 年度诺贝尔化学奖，以表彰他们三人在 GFP 发现、表达和应用方面做出的突出贡献。

基于不同蛋白质性质（溶解度、分子大小、带电性质、配体特异性）的差异等，可以对目标蛋白质进行分离、纯化。凝胶过滤法利用具有网状结构凝胶的分子筛作用，根据被分离物质的分子大小差异来进行物质分离和纯化，也称分子筛层析、排阻层析。其层析柱填料是由交联的聚糖（葡聚糖或琼脂糖等）类物质构成的多孔网状结构物质，小分子物质能进入网孔内部，经过的路程较长；而大分子物质却被排除在网孔外部，经过的路程短。当混合物通过凝胶过滤层析柱时，不同的物质按照不同的分子大小被筛分开。因为交联聚糖不带电荷，吸附力弱，层析条件比较温和，对于分离纯化蛋白质复合体具有明显的优势。凝胶过滤法已广泛用于酶、蛋白质、氨基酸、多糖、激素、生物碱等物质的分离提纯。此外，此法也广泛用于脱盐、测定高分子物质的分子质量、溶液的浓缩等过程。

本实验利用不同分子质量大小（27、55、168ku）、不同荧光颜色（红色、粉色和绿色）的荧光蛋白为实验材料，利用不同的层析柱填料（Superdex 200 和 Sephadex G-100），直观地呈现凝胶过滤法分离、纯化蛋白质的过程和效果，以及凝胶过滤法分离效果的影响因素。

二、实验器材和试剂

柱层析系统（蠕动泵、部分收集器、紫外检测器、记录仪、2cm×10cm 凝胶柱、装柱器），试管，烧杯，铁架台，移液器。

红色荧光蛋白（27ku，2mg/mL），红色和青色荧光蛋白的融合蛋白（55ku，2mg/mL），大肠杆菌丙酮酸激酶和绿色荧光蛋白的融合蛋白（168ku，2mg/mL），蓝色葡聚糖 2000（2mg/mL），叠氮钠（0.2g/L），层析柱填料 Superdex 200 和 Sephadex G-100，洗脱液（200mmol/L 氯化钠，50mmol/L Tris-HCl，pH 8.0）。

三、实验步骤

1. 凝胶的处理

聚糖干粉在沸水浴中溶胀 3h。凝胶充分溶胀后，将不易下沉的细颗粒去除。倾倒水溶液，用 10 倍体积的洗脱液浸泡 1h，搅拌后倾倒除去细颗粒。

2. 装柱

利用铁架台将层析柱垂直装置，关闭出口，顶部放置装柱器，层析柱中加入洗脱液约 1mL。将处理过的凝胶用等体积洗脱液搅成浆状，沿装柱器内壁缓慢加入柱中，同时打开底部出口，液体流出，沉积柱填料下沉。当液体流速降至 0.4mL/min 后，利用蠕动泵在装柱器上端密闭连接，以 0.4mL/min 的流速继续沉降柱填料，直至填料不再压缩。移除装柱器，在凝胶表面放一片滤纸，并加盖柱子的上端连接器。

3. 柱子平衡

蠕动泵入口和出口分别连接洗脱液和柱子的上端，利用 3 倍柱床体积洗脱液，以 0.4mL/min 流速平衡柱子。在层析柱内加 0.5mL（浓度为 2mg/mL）蓝色葡聚糖 2000，然后用洗脱液进行洗脱（流速 0.4mL/min），若色带狭窄并均匀下降，说明装柱效果良好。进一步用 2 倍柱床体积洗脱液平衡层析柱（0.5mL/min）。

4. 加样与洗脱

将柱中多余的液体放出，使液面刚好盖过凝胶，关闭出口，将 0.5mL（或 2mL）样品沿层析柱内壁小心加入，加完后打开底端出口，使液面降至与凝胶面相平时关闭出口，将少量液体加入层析柱，并打开出口放出所加液体。最后加洗脱液至液层 1cm 左右，连接蠕动泵，调节流速为 0.5mL/min（或 2mL/min），开始洗脱。

5. 测定

用部分收集器收集洗脱液（1mL/管），紫外检测器（280nm）检测蛋白质含量，并绘制洗脱曲线。

6. 层析柱的后处理

用蒸馏水（3 倍柱床体积）冲洗层析柱，低温保存。

四、注意事项

（1）凝胶的选择　根据实验目的不同选择不同型号的凝胶，本实验中，分析 Superdex 200 和 Sephadex G-100 两种填料对分离 3 种荧光蛋白的效能区别（也可选择公司的预装柱，分离效果更好）。

（2）上样体积　上样体积一般为柱床体积的 1%~5% 具有较好的分离效果，体积变大后，分离效果变差。

（3）聚糖干粉的溶胀　填料的处理，也可以采用室温水浸泡。但是，沸水浴处理可以杀死干粉中的细菌和排除凝胶内部的气泡，具有更好的效果。

（4）层析柱保存，如层析柱长期不用，利用3倍柱床体积0.2g/L叠氮钠冲洗，并低温保存、防腐。

1. 请查阅相关资料，思考利用Sephdex 200 和Sephadex G-100两种凝胶过滤层析柱填料对本实验产生的影响及其原因。

2. 两种蛋白质，其分子质量大小相同，而分子的形状分别为球状和棒状，请思考利用凝胶过滤层析能分开这两种蛋白质吗？为什么？

3. 所有的蛋白质均有荧光吗？请阐述荧光蛋白产生荧光的机制及特点。

 新形态教学资源

教学课件

教学视频

实验七 牛乳中酪蛋白的制备与鉴定

教学目标

知识目标：熟悉酪蛋白制备的原理及其应用。

能力目标：掌握利用等电点法分离酪蛋白的操作步骤及实验注意事项，掌握离心、电泳等实验技术方法。

素养目标：培养学生胆大心细、科学严谨的实验习惯，小组团结合作的精神，诚信、敬业的精神等。

一、实验背景

牛乳，又称牛奶，性平、味甘，是人们日常生活中喜爱的饮食之一。牛乳具有较高的滋补价值，是一种全价蛋白质营养食物，除了蛋白质还含有丰富的钙、维生素 D 等，其消化率可高达 98%，是其他食物无法比拟的。因此它不仅是老、弱、病、孕、婴的滋补强壮佳品，也是人人皆可食用的保健食品。

等电点（pI）：在某一 pH 的溶液中，蛋白质或氨基酸等两性电解质解离成阳离子和阴离子的趋势及程度相等，所带净电荷为零，呈电中性，此时溶液的 pH 称为该电解质的 pI。一般情况下，电解质在 pI 时候溶解度最低，不同蛋白质有不同的 pI 和不同的溶解度，因此，可以根据蛋白质的不同 pI 来沉淀分离不同蛋白质。

牛乳中主要蛋白质是酪蛋白，含量约为 35g/L。酪蛋白是一些含磷蛋白质的混合物，pI 为 4.7。本法利用等电点时溶解度最低的原理，将牛乳的 pH 调至 4.7 时，酪蛋白易沉淀出来。用乙醇洗涤沉淀物，除去脂类杂质后便可得到纯的蛋白质。

本实验要求学习从牛乳中分离酪蛋白的原理和方法；掌握等电点沉淀法提取蛋白

质的方法；学习常用蛋白质鉴定方法。

二、实验器材和试剂

1. 器材

恒温水浴锅，温度计，离心机，抽滤装置，蒸发皿，精密pH试纸或pH计。

2. 试剂

0.2mol/L pH 4.7 乙酸-乙酸钠（NaAc）缓冲溶液 100mL：称取 NaAc·3H$_2$O 1.606g，冰乙酸0.492g，用蒸馏水定容至100mL。

乙醇-乙醚混合液：95%乙醇、无水乙醚体积比1:1。

硼酸缓冲液（pH 8.6，离子强度 0.08）：硼酸 5.6g，硼酸钠 5.61g，氯化钠 1.316g。

染色液：0.25g考马斯亮蓝R250，加入91mL 50%（体积分数）甲醇，9mL冰乙酸（AR级）。

漂洗液：50mL无水甲醇、75mL冰乙酸（AR级）加入875mL蒸馏水混合而成。

三、实验步骤

1. 酪蛋白的分离

将20mL牛乳盛于100mL的烧杯中加热至40℃。在搅拌下慢慢加入预热至40℃、pH 4.7乙酸-乙酸钠缓冲溶液20mL。用冰乙酸调节溶液pH至4.7，此时即有大量的酪蛋白沉淀析出。将上述悬浮液冷却至室温，4000r/min离心5min，沉淀即为酪蛋白粗品。

用蒸馏水洗涤沉淀3次（每次约20mL），3000r/min离心5min，弃去上清液。在沉淀中加入约20mL 95%乙醇，搅拌片刻，将全部的悬浊液转移到布氏漏斗中抽滤。用乙醇-乙醚混合液洗涤沉淀2次，最后用乙醚洗涤沉淀2次，抽干。

将沉淀摊开在表面皿上，风干，得到酪蛋白纯品。准确称重，计算酪蛋白含量（g/100mL牛乳），并和理论含量为3.5g/100mL的牛乳比较，求出实际得率。

2. 酪蛋白的含量测定

用考马斯亮蓝法测定酪蛋白的含量。

酪蛋白进行乙酸纤维薄膜电泳。电泳结束后，取出薄膜，染色 5~10min，然后进行漂洗，直至背景基本无色（约 10min），即可看到酪蛋白谱带。

四、注意事项

实验的关键是将 pH 调至酪蛋白的等电点。市售牛乳中大多会添加一些耐酸性稳定剂来增加黏稠度，以致即使等电点时蛋白质沉淀也较少，可先将 pH 调过多一点然后再调回等电点。

思考题

1. 使用布氏漏斗抽滤时应注意什么？
2. 洗涤杂质的过程为什么最后使用无水乙醚？

新形态教学资源

教学课件

教学视频

第二章

生物物质定量实验

实验一　蛋白质含量的测定——凯氏定氮法

📖 教学目标

知识目标：熟悉凯氏定氮法测定蛋白质含量的原理和方法。

能力目标：掌握凯氏定氮仪的使用技术、酸碱滴定的操作。

素养目标：培养学生良好的法律意识和科学素养，利用自然辨证的方法论正确理解事物发展，正确认识、关注社会焦点问题，培养小组团结合作的精神，诚信、敬业的精神。

一、实验背景

1. 如何测定食品中粗蛋白的含量

凯氏定氮法是一种测定物质总氮的方法，是测定食品或其他混合物中粗蛋白含量的国家标准检验方法。由于该法对样品形态要求低，可以是固体粉末或液体，测定蛋白质溶解性可以是可溶性或不可溶性的，因此测定适用范围比较广泛，是被用于大豆、小麦、面粉、牛乳等的粗蛋白含量的国家标准测定方法。

2. 凯氏定氮法的原理

凯氏定氮法的理论基础是蛋白质的含氮量通常占其总质量的16%左右（12%~19%），因此，通过测定物质中的含氮量便可估算出物质中的总蛋白质含量（假设待测物质中的氮全部来自蛋白质），蛋白质含量=含氮量/16%。

含氮待测有机物与浓硫酸共热时，氮转变成氨，并进一步与硫酸作用生成硫酸铵。此过程即为"消化"（该反应进行得比较缓慢，通常需要加入硫酸钾提高反应的沸点，并加入硫酸铜作为催化剂，以促进反应的进行）。

然后通过浓碱可使消化液中的硫酸铵分解，通过水蒸气将产生的氨蒸馏到一定的量和浓度的硼酸溶液中（呈紫红色），硼酸吸收氨后（呈绿色），氨与溶液中的氢离子结合，生成铵离子，使溶液中的氢离子浓度降低。然后用标准无机酸滴定，直至恢复溶液中原来的氢离子浓度为止（紫红色），最后根据所用标准酸的摩尔数（相当于待测物中氨的摩尔数）计算出待测物中的氮量。

消化： $2NH_3+H_2SO_4+2H^+=(NH_4)_2SO_4$

蒸馏： $(NH_4)_2SO_4+2NaOH=2NH_3+2H_2O+Na_2SO_4$

$2NH_3+4H_3BO_3=(NH_4)_2B_4O_7+5H_2O$

滴定： $(NH_4)_2B_4O_7+2HCl+5H_2O=2NH_4Cl+4H_3BO_3$

凯氏定氮蒸馏装置见图1：

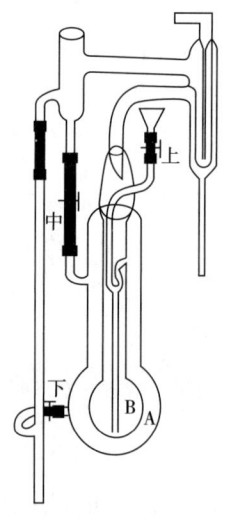

A—蒸汽发生器；B—反应室。

图1 凯氏定氮蒸馏装置

本实验先采用凯氏烧瓶消化蛋白质样品，再利用改良型凯氏定氮仪进行蒸馏，最后对收集的液体进行滴定并计算含氮量。

二、实验器材和试剂

1. 器材

改良型凯氏定氮仪；凯氏烧瓶（50mL）；电炉，酒精灯（打火机）；酸式滴定管

（10mL），移液管（1~10mL），锥形瓶（50mL），容量瓶（50mL），表面皿。

2. 试剂

20g/L 卵清蛋白或其他蛋白质样品，500g/L 氢氧化钠溶液，20g/L 硼酸，标准盐酸（0.01mol/L），浓硫酸，硫酸钾-硫酸铜混合物（3∶1粉末混合）。

混合指示剂：取 50mL 1g/L 甲烯蓝乙醇溶液与 200mL 1g/L 甲基红乙醇溶液混合配成，贮于棕色瓶备用。

三、实验步骤

1. 样品消化

取 2 个凯氏烧瓶，分别加入 1mL 样品和蒸馏水作为空白。然后加入少许硫酸钾-硫酸铜混合物和 2mL 浓硫酸。烧瓶口插入小漏斗，放在通风橱中的电炉上消化，至消化液透明呈现淡绿色为止。待冷却后以蒸馏水稀释至 50mL 备用。

2. 凯氏定氮仪的洗涤

取几个 50mL 锥形瓶，各准确加入 5mL 硼酸（内加混合指示剂 1~2 滴），呈淡紫色，表面皿覆盖备用。将定氮仪中间的夹子打开，缓慢接上冷水，向蒸汽发生器（A球）中注入 3/4 球体的水，将上、中、下 3 个夹子全关上，将水烧开。然后在加样漏斗中加入少许蒸馏水到反应室（B球）中，B球中水将自动吸到A球；或者将酒精灯挪开；或者将中间夹子打开放入少许冷水，都将使反应室中的水自动吸出，反复清洗多次，并换掉A球废液。继续沸腾后让蒸汽通过整个装置约 5min。最后用硼酸检测，将冷凝管出口下端浸入含硼酸及混合指示剂的锥形瓶液面下，蒸馏数分钟，观察颜色变化，若不变色则洗净。

3. 蒸馏

打开下方夹子放掉A球热水，并补充适量冷水，将冷凝管出口下端浸入含硼酸及混合指示剂的锥形瓶液面以下。打开上方夹子，用移液管取 5mL 稀释后的消化液，缓慢加入反应室，再加入 5mL 氢氧化钠溶液，关闭上方夹子，并在加样漏斗中加入少许蒸馏水做水封。关闭所有夹子，缓慢打开冷凝水，开始加热蒸馏。

当观察到锥形瓶内溶液由紫变绿时，开始计时蒸馏 5min，然后提高冷凝管出口离开液面 1cm 高，同时用少许蒸馏水冲冷凝管出口外侧，继续蒸馏 1min。移走锥形瓶，用表面皿覆盖，等待滴定。

清洗反应室。移走锥形瓶再移走酒精灯，B 球中残液自动排出，然后立即从漏斗中加数次蒸馏水少许到 B 球中，让其自动排出。最后换掉 A 球中的废水，加热使蒸汽通过整个装置 5min。检验同上。

4. 滴定

用标准盐酸溶液滴定锥形瓶内溶液，当硼酸溶液由绿色变回淡紫色时为滴定终点，记录所用盐酸的量。

5. 计算

$$样品蛋白含量（mg）= c \times (V_1-V_2) \times 14 \times 100 \times 10 \times 6.25/V$$

式中　c——标准盐酸的浓度，0.01mol/L；

　　　V_1——滴定样品消耗的标准盐酸体积，mL；

　　　V_2——滴定空白消耗的标准盐酸体积，mL；

　　　V——未稀释样品体积，mL；

　　　14——氮的摩尔质量，g/mol；

　　　100——100mL 样品；

　　　10——样品稀释倍数；

6.25——换算系数，1g 氮相当于 6.25g 蛋白质。

四、注意事项

（1）蒸馏过程中，电炉（酒精灯）火力要稳，防止倒吸。

（2）蒸馏结束时，先移开锥形瓶，再关闭电炉（酒精灯），防止锥形瓶中液体倒吸。

（3）蒸馏完样品，及时趁热清洗反应室，并换掉废液。

1. 蒸馏过程中如何防止暴沸？

2. 小漏斗中加蒸馏水做水封的目的是什么？

教学课件

教学视频

实验二　蛋白质浓度的测定——考马斯亮蓝染色法

教学目标

知识目标：了解蛋白质测定的方法，熟悉考马斯亮蓝染色法测定蛋白质含量的原理。

能力目标：掌握考马斯亮蓝染色法测定蛋白质含量的方法及注意事项。

素养目标：培养学生严谨求实的科学态度，诚信、敬业的精神等。

一、实验背景

考马斯亮蓝 G250（coomassie brilliant blue G250）测定蛋白质含量是一种染料结合法。其在游离状态下呈红色，当它与蛋白质结合后变为青色，蛋白质-色素络合物在595nm 波长的吸收值与蛋白质含量成正比，因此可用于蛋白质的定量测定。考马斯亮蓝 G250 中的二苯胺结构和氨基酸残基具有很强的范德华力，而其苯基磺酸基团与碱性氨基酸产生静电相互作用和氢键相互作用，所以考马斯亮蓝 G250 主要通过氢键和范德华力与牛血清清蛋白形成稳定的络合物。考马斯亮蓝 G250 与牛血清清蛋白在25℃时的解离常数约为20mmol/L。

蛋白质与考马斯亮蓝 G250 结合在 2min 左右的时间内达到平衡，反应迅速；其络合物在室温下 1h 内保持稳定。该法是 Bradford 于 1976 年建立的，试剂配制简单，操作简便快捷，反应非常灵敏，灵敏度比 Lowry 法高 4 倍，可测定微克级蛋白质含量，测定蛋白质浓度范围为 0~1000μg/mL，最小可测定 2.5μg/mL 蛋白质，是一种常用的微量蛋白质快速测定方法。与 Lowry 法相比，该方法具有下列优点：①方法简单，只需一种显色液。②反应迅速，只需一步反应，显色可在 5min 之内完成。③干扰少，许多被认为对 Lowry 法有干扰的物质（如糖、缓冲液、还原剂和络合剂）不影响该方法。

二、实验器材与试剂

1. 器材

旋涡混合器，紫外可见分光光度计，电子分析天平。

2. 试剂

蛋白质标准液：牛血清清蛋白（50μg/mL）。

染液：考马斯亮蓝G250（0.1g/L），称取0.1g考马斯亮蓝G250溶于50mL 95%乙醇中，再加入100mL浓磷酸，然后加蒸馏水定容至1000mL。

三、实验步骤

1. 标准曲线的制备

取6支干净试管，按表1进行编号并加入试剂。混匀，室温静置3min，以第1管为空白，于波长595nm处比色，读取吸光度，以吸光度为纵坐标，各标准液浓度（μg/mL）为横坐标作图得标准曲线。

2. 样液的测定

另取3支干净试管，按表1加入各试剂，混匀，室温静置3min，于波长595nm处比色，读取吸光度，由样品液的吸光度查标准曲线即可求出待测液蛋白质含量。

表1　　　　　　　　　　　　操作反应试管表

试剂名称	试管编号								
	0	1	2	3	4	5	A	B	C
蛋白质标准液/mL（50μg/mL）	0	0.4	0.8	1.2	1.6	2	—	—	—
样品/mL	—	—	—	—	—	—	2	2	2
蒸馏水/mL	2	1.6	1.2	0.8	0.4	0	—	—	—
考马斯亮蓝/mL	3	3	3	3	3	3	3	3	3
A_{595}									

四、结果计算

以标准蛋白质浓度为横坐标，吸光值 A 为纵坐标，绘制标准曲线。

根据待测样品液的吸光度求出或查找相对的浓度或含量。

五、注意事项

（1）样品蛋白质含量应在 10~100μg 为宜，一些阳离子如 K^+、Na^+、Mg^{2+} 等物质对测定无影响，而大量的去污剂如 SDS 等会严重干扰测定。

（2）应尽快完成比色测定（最好 30min 内），时间放置过长，考马氏亮蓝 G250-蛋白质复合物易凝集沉淀。

思考题

为什么加完染液后要尽快完成吸光值的测定？

新形态教学资源

教学课件

教学视频

实验三　质粒脱氧核糖核酸（DNA）的提取与浓度测定

教学目标

知识目标：了解质粒结构及其在基因工程中的应用。

能力目标：掌握质粒脱氧核糖核酸（DNA）浓度测定的原理、质粒提取的原理及其操作步骤。

素养目标：培养学生的思辨能力，引导学生辩证地看待科学方法的快速发展。

一、实验背景

质粒是存在于细菌染色体外的能独立复制并稳定遗传的小型双链脱氧核糖核酸（DNA）分子，具有自主复制和转录能力，子代细胞可稳定遗传，表达它所携带的信息。已发现50多个属的细菌内有质粒的存在，在酵母和其他真菌中也发现了质粒。迄今发现的绝大部分质粒为共价闭合环状DNA（cccDNA）。多数质粒只有数千碱基对，但也有一些质粒达到100kb以上。质粒携带的遗传信息能赋予宿主菌某些生物学性状（如对抗生素产生抗性和产细菌毒素等），有利于细菌在特定的环境条件下生存。同时，细菌质粒也常常被人们用作DNA重组技术的载体，即将某种目标基因片段重组到质粒中，构建重组质粒载体。然后将这种重组载体经微生物学转化技术，转入受体细胞（如大肠杆菌）中，使重组体中的目标基因在受体菌中得以繁殖或表达，从而产生新的物质或改变寄主细胞原有的性状。

质粒DNA的提取是分子生物学与基因工程操作中最基本的步骤。从细菌（如大肠杆菌）中提取质粒DNA的方法很多，这些方法都包括3个基本步骤：培养细菌使质粒增殖；收集和裂解细菌；分离和纯化质粒DNA。碱裂解法是提取质粒DNA最常用的方法，其基本原理是：用含 SDS 的 NaOH 溶液（pH 12 左右）处理大肠杆菌，使细菌细胞破裂，质粒 DNA 和基因组 DNA 从细胞中同时释放出来。释放出来的 DNA 在强碱性条件下发生变性。再用酸性乙酸钾来中和溶液，使溶液处于中性，质粒 DNA 将迅速复性成天然的超螺旋分子，而基因组 DNA 因分子较大而难以复性。离心后，复性的质粒 DNA 和核糖核酸（RNA）将留在上清液中；基因组 DNA 由于未能充分复性，而且分子体积较大，则与变性的蛋白质和细胞碎片等一起沉淀至离心管底部。进一步利用乙醇沉淀上清液中的质粒 DNA 和 RNA，沉淀出的 RNA 可用核糖核酸酶（即 RNA 酶，RNAse）降解，从而使溶液中仅仅留下质粒 DNA，从而将质粒 DNA 从细菌中提取出来。

紫外分光光度法是测定质粒 DNA 浓度的常用方法。核酸、核苷酸及其衍生物分子结构中的嘌呤、嘧啶碱基具有共轭双键系统，能够强烈吸收 250~280nm 波长的紫外光，核酸（DNA 和 RNA）的最大紫外吸收值在 260nm 处。波长为 260nm 时，DNA 或 RNA 的光密度值 OD_{260} 不仅与含量有关，也随构型不同而有差异。

对标准品来说，浓度为 1μg/mL 时，DNA 钠盐的 $OD_{260}=0.02$。因此，当 $OD_{260}=1$ 时，双链 DNA（dsDNA）浓度约为 50μg/mL，单链 DNA（ssDNA）浓度约为 37μg/mL，RNA 浓度约为 40μg/mL。

当 DNA 样品中含有蛋白质、酚或其他小分子污染物时，会影响 DNA 吸光度的准确测定。通常情况下同时检测同一样品的 OD_{260} 和 OD_{280}，计算其比值来衡量样品的纯度。一般情况，纯 DNA：$OD_{260}/OD_{280} \approx 1.8$（>1.9，表明有 RNA 污染；<1.7，表明有蛋白质或酚等污染）；纯 RNA：$OD_{260}/OD_{280} \approx 2.0$（>2.1，表明有异硫氰酸污染；<1.9，表明有蛋白质或酚等污染）。

二、实验器材和试剂

1. 器材

台式高速离心机，微量移液器（10、100、1000μL）及灭菌吸头，恒温培养箱，恒温摇床，恒温水浴锅，琼脂糖凝胶电泳仪，高压灭菌锅，紫外分光光度计，狭缝石英比色皿，常用玻璃仪器，1.5mL Eppendorf 离心管（EP 管），一次性手套。

含质粒 pUC19 的大肠杆菌 DH5α（或其他带氨苄青霉素抗性标记的质粒），葡萄糖,十二烷基硫酸钠(SDS),三羟甲基氨基甲烷(Tris),乙二胺四乙酸(EDTA),氢氧化钠(NaOH),乙酸钾(KAc),冰乙酸(CH_3COOH),氯仿($CHCl_3$),苯酚,盐酸(HCl),乙醇,胰蛋白胨,酵母提取物,氨苄青霉素,蔗糖,溴酚蓝,硼酸,溴化乙锭(EB),三羟甲基氨基甲烷-乙二胺四乙酸(TE),三羟甲基氨基甲烷-硼酸-乙二胺四乙酸(TBE)。

2. 试剂

(1) LB (Luria-Bertani) 液体培养基　10g 胰蛋白胨,5g 酵母提取物,10g NaCl,溶于 950mL 去离子水中,用 1mol/L NaOH 溶液调节 pH 至 7.0,加去离子水至总体积 1L,121℃高压蒸汽灭菌 20min,备用。

(2) LB 固体培养基　LB 液体培养基中每升加 10g 琼脂粉,121℃高压蒸汽灭菌 20min。

(3) 氨苄青霉素母液　1g 氨苄青霉素溶于 20mL 水中,用 0.22μm 滤膜除菌过滤,分装至 1.5mL 离心管中,-20℃保存。

(4) 0.5mol/L 葡萄糖　9g 葡萄糖溶于 90mL 蒸馏水中,摇匀,定容至 100mL。

(5) 0.5mol/L EDTA (pH 8.0)　186.1g EDTA·$2H_2O$ 加入 800mL 蒸馏水中,磁力搅拌器强力搅拌,用 NaOH(约20g)调节 pH 至 8.0,定容至 1L,高压灭菌。

(6) 1mol/L Tris-HCl (pH 8.0)　在 800mL 蒸馏水中溶解 121.91g Tris,溶液冷至室温,用浓盐酸调节 pH 至 8.0,加水定容至 1L,高压灭菌。

(7) 100g/L SDS　在 90mL 蒸馏水中溶解 10g SDS,加热至 60℃助溶,浓盐酸调节 pH 至 7.2,加水定容至 100mL。

(8) 2mol/L NaOH　8g NaOH 溶于 90mL 蒸馏水中,摇匀,定容至 100mL。使用时间一般不过超过两周。

(9) 5mol/L KAc　49.07g KAc 溶于 90 mL 蒸馏水中,摇匀,定容至 100mL。

(10) 溶液Ⅰ　25mL 1mol/L Tris-HCl (pH 8.0),20mL 0.5mol/L EDTA (pH 8.0),100mL 0.5mol/L 葡萄糖,蒸馏水定容至 1L,121℃高压灭菌 20min,冷却后 4℃保存。

(11) 溶液Ⅱ　50mL 100g/L SDS,50mL 2mol/L NaOH,混匀,定容至 500mL。现

用现配。

（12）溶液Ⅲ　5mol/L KAc 60mL，冰乙酸 11.5mL，H_2O 28.5mL，定容至 100mL，高压灭菌。

（13）酚/氯仿/异戊醇　酚∶氯仿∶异戊醇＝25∶24∶1 体积比混合，4℃于棕色瓶保存。酚和氯仿均有很强的腐蚀性，操作时应戴手套。

（14）Tris-EDTA（TE）缓冲液（含 10mg/mL RNAse A）　10mL 1mol/L Tris-HCl（pH 8.0），2mL 0.5mol/L EDTA（pH 8.0），定容至 100mL，121℃高压灭菌 20min。冷却后加入 100μL 10mg/mL RNA 酶 A（RNAse A），混匀，4℃保存。

（15）5×上样缓冲液　4g 蔗糖，0.025g 溴酚蓝溶于 10mL 去离子水。

（16）5×Tris-硼酸-EDTA（TBE）电泳缓冲液　Tris 54g，硼酸 27.5g，0.5mol/L EDTA（pH 8.0）20mL，定容至 1L。使用时稀释 10 倍。

三、实验步骤

1. 碱法提取质粒 DNA

（1）从固体平板上挑取单个带质粒 pUC19 的大肠杆菌 DH5α 接种到含有氨苄青霉素（50μg/mL）的 LB 液体培养基中，37℃恒温摇床 120r/min 过夜振荡培养。

（2）取 1.5mL 培养物加入 EP 管中，室温 12000r/min 离心 1min，弃上清，将离心管倒置，使液体尽可能流尽。

（3）将细菌沉淀重悬于 100μL 预冷的溶液Ⅰ中，用振荡器剧烈振荡，使菌体分散混匀。

（4）加 200μL 新鲜配制的溶液Ⅱ，轻轻颠倒数次混匀（不要剧烈振荡），并将离心管室温放置 5min 使细胞裂解。

（5）加入 150μL 预冷的溶液Ⅲ，将管温和颠倒数次混匀，产生白色絮状沉淀，冰上放置 5min。

（6）12000r/min 离心 5min，将上清转移至新的 EP 管中，加入等体积的苯酚/氯仿/异戊醇，振荡混匀，12000r/min 离心 5min。

（7）将上清转移至新的 EP 管中，加入 2 倍体积的无水乙醇，混匀，室温放置 10min，12000r/min 离心 5min。倾去上清，将 EP 管倒扣在吸水纸上，吸干液体。

(8) 1mL 预冷的 70% 乙醇洗涤沉淀 1~2 次，12000r/min 离心 10min，弃上清，室温晾干沉淀。

(9) 沉淀溶于 20μL TE（含 RNAse A 10mg/mL），37℃水浴 30min 以降解 RNA 分子，−20℃保存备用。

(10) 取 5μL 样品进行 10g/L 琼脂糖凝胶电泳检测。

2. 琼脂糖凝胶电泳检测质粒 DNA

(1) 琼脂糖凝胶的制备　称取 0.5g 琼脂糖置于三角瓶中，加入 50mL 0.5×TBE 电泳缓冲液，瓶口倒扣小烧杯，置于微波炉中加热煮沸至琼脂糖充分溶解；冷却至 60℃ 左右时，加入溴化乙锭至最终浓度为 0.5μg/mL，充分混匀；倒入水平放置的制胶模中，厚度为 2~3mm，插入梳子；室温下静置约 30min，让凝胶溶液充分凝结；凝胶完全凝固后，将凝胶板放入电泳槽中；加入 0.5×TBE 电泳缓冲液，刚好没过胶面约 1mm，小心地取出梳子。

(2) 上样　取 10μL 待检测质粒 DNA 与 2.5μL 5×上样缓冲液充分混合，用微量移液器将样品混合液缓慢加至凝胶的加样孔中。

(3) 电泳　盖上电泳槽盖，接通电源，设置电压为 5V/cm（两个电极之间的距离），样品由负极（黑）向正极（红）方向泳动，当溴酚蓝移动到距凝胶板前沿边缘 2~3cm 处时，停止电泳。

(4) 观察和拍照　当溴酚蓝在凝胶中移出适当距离后（约 0.5h），切断电流，取出凝胶。在波长为 254nm 的紫外光波长下观察染色后的凝胶，DNA 区带呈现橙红色的荧光。数码相机或手机拍照，也可采用凝胶成像系统输出照片，如图 1 所示。

3. 紫外分光光度法测定质粒 DNA 浓度

(1) 紫外分光光度计使用前预热 20min，取 400μL 蒸馏水加入狭缝石英比色皿中，在 260nm 处将仪器调零。

(2) 吸取 10μL 质粒 DNA 样品，加入 380μL 蒸馏水，混匀，转入石英比色皿中。

(3) 在 260nm 和 280nm 处分别读出光密度值 OD_{260} 和 OD_{280}。

(4) 质粒 DNA 浓度 = OD_{260}×50μg/mL×稀释倍数 = OD_{260}×50μg/mL×40 = OD_{260}×2000μg/mL = 2×OD_{260}mg/mL。

(5) 质粒 DNA 纯度 = OD_{260}/OD_{280}，若 OD_{260}/OD_{280}>1.9，表明有 RNA 污染，可用

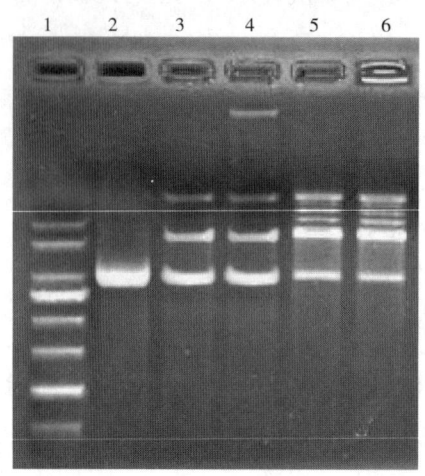

1—DNA 分子质量 Marker；2—理想的质粒 DNA；3—三种构型的质粒 DNA（从加样孔往前依次是：开环、线性和超螺旋）；4—基因组 DNA 未除尽（距加样孔最近的一条带）；5—质粒 DNA 被打断；6—蛋白质未除尽（加样孔亮）。

图 1　质粒 DNA 琼脂糖凝胶电泳结果图

RNA 酶处理样品；若 $OD_{260}/OD_{280}<1.7$，表明有蛋白质或酚等污染，应再用酚/氯仿/异戊醇抽提，乙醇沉淀纯化 DNA。

四、注意事项

（1）溶液Ⅱ中含有 SDS，在室温较低的情况下往往会形成沉淀，使用前需在 37℃水浴中放置几分钟，待沉淀消失后使用。

（2）加入溶液Ⅱ和溶液Ⅲ后操作须轻柔，不可剧烈震荡，以免打断质粒 DNA。

（3）酚和氯仿对皮肤有腐蚀性，使用时需注意不要与皮肤直接接触。

（4）在酚/氯仿/异戊醇抽提后吸取上层水相时，注意不要吸到酚和中间层固体物质。

（5）乙醇沉淀 DNA 离心后，要把离心管四周的上清液抽干或自然挥发（可将离心管倒置于滤纸上以尽量让管内液体流出），否则，用 TE 缓冲液溶解 DNA 时，既困难又不完全。

（6）溴化乙锭可嵌入碱基分子中，导致错配，许多人认为溴化乙锭是强诱变剂，操作时须带一次性手套。

（7）测量短于 380nm 波长的吸光值时应使用石英比色皿。

思考题

1. 碱裂解法提取质粒 DNA 的原理是什么？

2. 核酸和蛋白质紫外吸收峰值对应的波长分别是多少？如何通过紫外吸收值判断核酸的纯度？

3. 溴化乙锭染色的原理是什么？

4. 本实验应该选取哪种材质的比色皿？为什么？

新形态教学资源

教学课件

教学视频

实验四 可溶性糖含量的测定——蒽酮比色法

📖 教学目标

知识目标：了解植物体内的碳素营养状况以及农产品的品质性状。

能力目标：掌握蒽酮与可溶性糖反应的原理，蒽酮法测定可溶性糖的步骤和注意事项。

素养目标：培养学生严谨规范的实验态度，引导学生树立安全的实验意识。

一、实验背景

糖类物质是构成植物体的重要组成成分之一，也是新陈代谢的主要原料和贮存物质。不同栽培条件、不同成熟度都可以影响水果、蔬菜中糖类的含量。因此，对水果、蔬菜中可溶性糖的测定，可以了解和鉴定水果、蔬菜品质的高低。

蒽酮比色法原理：糖在浓硫酸作用下，可经脱水反应生成糖醛，生成的糖醛或羟甲基糖醛可与蒽酮反应生成蓝绿色糖醛衍生物，在一定范围内，颜色的深浅与糖的含量成正比。糖类与蒽酮反应生成的有色物质，在可见光区的吸收峰为630nm，可在此波长下进行比色，故可用于糖的定量。

该法的特点是几乎可以测定所有的碳水化合物，不但可以测定戊糖与己糖含量，而且可以测所有寡糖类和多糖类，其中包括淀粉、纤维素等（因为反应液中的浓硫酸可以把多糖水解成单糖而发生反应），所以用蒽酮法测出的碳水化合物含量，实际上是溶液中全部碳水化合物总量。在没有必要细致划分各种碳水化合物的情况下，蒽酮比色法可以一次测出总量，有特殊的应用价值。当测定植物可溶性多糖时候，应注意切勿将样品的未溶解残渣加入反应液中，不然会因为细胞壁中的纤维素、半纤维素等不溶性多糖与蒽酮试剂发生反应而增加测定误差。此外，当存在含有较多色氨酸的蛋白质时，蒽酮比色法反应不稳定，呈现红色。总而言之，对于可溶性总糖测定，该法反应较稳定，灵敏度高，测定样品量少，快速方便。

二、实验器材和试剂

1. 器材

分光光度计，水浴锅，具塞刻度试管，移液管，容量瓶，定性滤纸等。

植物叶片、水果果实等。

2. 试剂

浓硫酸（相对密度1.84），纯蔗糖，蒽酮，乙酸乙酯。

蒽酮乙酸乙酯试剂：取分析纯蒽酮1g，溶于50mL乙酸乙酯中，贮于棕色瓶中，在黑暗中可保存数周，用时微热溶解结晶。

三、实验步骤

1. 标准曲线

（1）10g/L 蔗糖标准液　将分析纯蔗糖在80℃下（2h）烘至恒重，精确称取1.0g，加少量水溶解，转入100mL容量瓶中，加入0.5mL浓硫酸，用蒸馏水定容至刻度。

（2）100μg/L 蔗糖标准液　精确吸收10g/L蔗糖标准液1mL转入100mL容量瓶中，加水至刻度。

（3）标准曲线　取20mL刻度试管11支，从0~10分别编号，按表1加入溶液和水。

表1　　　　　　　　　　　操作反应试管表

试剂名称	试管编号					
	0	1、2	3、4	5、6	7、8	9、10
100μg/L 蔗糖液/mL	0	0.2	0.4	0.6	0.8	1.0
蒸馏水/mL	2.0	1.8	1.6	1.4	1.2	1.0

按顺序向试管中加入0.5mL蒽酮乙酸乙酯试剂和5mL浓硫酸，充分振荡，立即将试管放入沸水浴中，逐管均准确保温1min，取出后自然冷却至室温，以空白作参比，

在630nm波长下测其吸光度。

2. 可溶性糖的提取及测定

取新鲜植物叶片，擦净表面污物，剪碎混匀，称取0.1~0.3g，放入刻度试管中，加入5mL蒸馏水，塑料薄膜封口，于沸水中提取30min，提取液滤入25mL容量瓶，反复漂洗试管残渣，定容至刻度。

吸取样品提取液0.5mL于20mL刻度试管中，加蒸馏水1.5mL。按顺序向试管中加入0.5mL蒽酮乙酸乙酯试剂和5mL浓硫酸，充分振荡，立即将试管放入沸水浴中，逐管均准确保温1min，取出后自然冷却至室温，以空白做参比，在630nm波长下测其吸光度。

四、结果计算

$$可溶性糖质量分数 X = \frac{c \times V_1 \times D}{m \times V_2 \times 10^6} \times 100\%$$

式中　　c——从回归方程求得糖的量，μg；

V_1——提取液总体积，mL；

V_2——测定时样品液体积，mL；

D——稀释倍数；

m——样品质量，g；

10^6——样品质量单位由g换算成μg的倍数。

五、注意事项

（1）水解多糖加浓硫酸时应缓慢加入，以免产生大量热量而爆沸，灼伤皮肤。如出现上述情况，应迅速用自来水冲洗。

（2）水浴加热时试管口不要对着人群。

1. 糖类物质中可溶性糖和不可溶性糖有哪些？

2. 可溶性糖的提取溶液除了水还可以有其他试剂吗？

 新形态教学资源

教学课件

教学视频

实验五 果胶含量的测定——咔唑比色法

教学目标

知识目标：了解果胶结构及其在食品中应用。

能力目标：掌握果胶的测定原理和操作步骤，以及实验注意事项。

素养目标：让学生了解人和自然环境和谐友好的关系，培养学生健康生活的理念，小组实验中团结合作的精神，独立思考的能力等。

一、实验背景

果胶是一类广泛存在于植物细胞壁的初生壁和细胞中间片层的杂多糖，1824年法国药剂师Bracennot首次从胡萝卜中提取得到，并将其命名为"pectin"。果胶主要是一类以D-半乳糖醛酸（D-Gal-A）由α-1,4-糖苷键连接组成的酸性杂多糖，除D-Gal-A外，还含有L-鼠李糖、D-半乳糖、D-阿拉伯糖等单糖。

果胶经水解，其产物半乳糖醛酸可在强酸环境下与咔唑试剂产生缩合反应，生成紫红色化合物，其呈色深浅与半乳糖醛酸含量成正比，由此可在530nm波长下比色测定。

果胶广泛存在于水果和蔬菜中，如苹果中含量为0.7%~1.5%（质量分数，以湿品计），在蔬菜中以南瓜含量最多（达7%~17%，质量分数）。果胶的基本结构是以α-1,4苷键连接的聚半乳糖醛酸，其中部分羧基被甲酯化，其余的羧基与钾、钠、铵离子结合成盐。在果蔬中，尤其是未成熟的水果和皮中，果胶多数以原果胶存在，原果胶通过金属离子桥（如Ca^{2+}）与多聚半乳糖醛酸中的游离羧基相结合。原果胶不溶于水，故用酸水解，生成可溶性的果胶，再进行提取、脱色、沉淀、干燥，即为商品果胶。从柑橘皮中提取的果胶是高酯化度的果胶（酯化度在70%以上）。在食品工业中常利用果胶制作果酱、果冻和糖果，在汁液类食品中作增稠剂、乳化剂。

二、实验器材和试剂

1. 器材

分光光度计，试管，玻璃吸管，吸耳球，容量瓶，研钵等。

2. 试剂

精制乙醇，乙醚，0.05mol/L HCl，1.5g/L咔唑乙醇溶液，半乳糖醛酸标准液，硫酸（优级纯）。

（1）精制乙醇　取无水乙醇或95%（体积分数）乙醇1000mL，加入锌粉4g，硫酸（1∶1）4mL，在水浴中回流10h，用全玻璃仪器蒸馏，馏出液每1000mL加锌粉和氢氧化钾各4g，重新蒸馏一次。

（2）1.5g/L咔唑乙醇溶液　称取化学纯咔唑0.15g，溶解于精制乙醇中并定容至100mL。咔唑溶解缓慢，须加以搅拌。

（3）半乳糖醛酸标准溶液　称取半乳糖醛酸100mg，溶于蒸馏水中并定容至100mL。用此液配制一组浓度为10~70μg/mL的半乳糖醛酸标准溶液。

三、实验步骤

1. 样品前处理

称取苹果果肉1~3g于研钵中，加沸水或一定浓度的酸水研磨，定容至50mL容量瓶中，然后滤纸过滤，取滤液备用。

2. 标准曲线的制作

取6支试管，依次加入0、0.2、0.4、0.6、0.8、1mL半乳糖醛酸（0.01mg/mL）溶液，再分别加入1、0.8、0.6、0.4、0.2、0mL去离子水，充分混合后，各加入5mL浓硫酸摇匀。然后在沸水浴中准确加热10min，用流水速冷至室温，各加入1.5g/L咔唑试剂0.2mL，充分混合，置室温下放置15min，以第1管为空白在530nm波长下测定吸光度，绘制标准工作曲线。

3. 样品果胶含量的测定

取果胶提取液,用水稀释到适当浓度(在标准曲线浓度范围内)。取 0.2mL 苹果提取液于试管中,再加入 0.8mL 去离子稀释至 1mL,按标准曲线制作方法加入硫酸和咔唑试剂等,测定吸光度。对照标准曲线,求出稀释的果胶提取液中半乳糖醛酸含量(c,μg/mL)。

四、结果计算

$$果胶(以半乳糖醛酸计,\%) = \frac{c \times V \times K}{m \times 10^6} \times 100$$

式中　c——对照标准曲线求得的果胶提取稀释液的果胶含量,μg/mL;

V——果胶提取液原液体积,mL;

K——果胶提取液稀释倍数;

m——样品质量,g;

10^6——质量单位换算系数。

五、注意事项

(1)糖分存在会干扰咔唑的呈色反应,使结果偏高,故提取果胶前需充分地洗涤除去糖分。

(2)硫酸浓度直接关系到显色反应,应保证标准曲线、样品测定中所用硫酸浓度一致。

(3)硫酸与半乳糖醛酸混合液在加热条件下已形成呈色反应所必需的中间产物,随后与咔唑试剂反应,显色迅速、稳定。

思考题

1. 果胶是一种以半乳糖醛酸为主的复合多糖类物质,对人体健康有什么作用?
2. 果胶可以在哪些食品中广泛应用?

教学课件

教学视频

实验六　血糖含量的测定——葡萄糖氧化酶法

教学目标

知识目标：掌握葡萄糖氧化酶法测定血糖含量的原理，了解血糖测定的临床意义及正常值。

能力目标：熟悉用葡萄糖氧化酶-过氧化物酶（GOD-POP）法测定血糖。

素养目标：培养学生的思辨能力，引导学生领悟事物的变化发展是对立统一的，福祸之间是相互依存的。

一、实验背景

血液中的糖主要是葡萄糖，称为血糖，其含量较恒定。正常情况下，人空腹血糖的正常值为 3.9~6.1mmol/L。血糖浓度的相对恒定是机体进行正常生理活动的前提条件之一，有着双重实际意义：其一，维持稳定的能源供给，满足机体在各种生理状态下对能量的需求。其二，保证机体不因进食致血糖浓度过高，诱发血管疾病。因此，血糖的测定是临床生化的常规检测项目。

血糖的测定方法有很多，常见的方法有葡萄糖氧化酶法、邻甲苯胺法、福林吴氏法、己糖激酶法等。葡萄糖氧化酶法特异性强、价廉、方法简单，已广泛应用于各种自动化分析仪及手工操作；邻甲苯胺法方法简便，特异性高，结果较可靠，但该法所用主要试剂邻甲苯胺市售往往不纯，必须蒸馏方能使用，并且邻甲苯胺对人体有害；福林吴氏法测得的血糖含量并非全部为葡萄糖，有不少是非糖的还原物质，因而测得的数值比实际高，该法已趋向淘汰。己糖激酶法特异性高，准确，但试剂较昂贵。

葡萄糖氧化酶法是近几年临床血糖定量测定普遍采用的方法。该法测定血糖依据的酶反应为：葡萄糖氧化酶（GOD）能将葡萄糖氧化为葡萄糖酸和过氧化氢；后者在过氧化物酶（POD）作用下，分解为水和氧的同时将无色的4-氨基安替吡啉与酚氧化缩合生成红色的醌亚胺，即Trinder反应。其颜色的深浅在480~550nm波长内与血清中葡萄糖的量成正比，在505nm波长处测定吸光度，与标准管比较可计算出血糖的浓度。反应式如下：

葡萄糖 + O_2 + H_2O $\xrightarrow{\text{葡萄糖氧化酶（GOD）}}$ 葡萄糖酸 + H_2O_2

4-氨基安替吡啉 + 酚 + $2H_2O_2$ $\xrightarrow{\text{过氧化物酶（POD）}}$ 红色的醌亚胺 + $4H_2O$

二、实验器材和试剂

1. 器材

试管，吸管，试管架，恒温水浴锅，离心机，可见光分光光度计。

磷酸氢二钠（Na_2HPO_4），磷酸二氢钠（NaH_2PO_4），氢氧化钠（NaOH），盐酸（HCl），葡萄糖氧化酶（GOD），过氧化物酶（POD），4-氨基安替吡啉，叠氮钠，酚，葡萄糖，血清。

2. 试剂

（1）0.1mol/L 磷酸盐缓冲液（pH 7.0） 称取 $Na_2HPO_4 \cdot 2H_2O$ 10.27g 及 $NaH_2PO_4 \cdot H_2O$ 5.84g 溶于 800mL 蒸馏水中，用 1mol/L NaOH（或 1mol/L HCl）调节 pH 至 7.0，再用蒸馏水稀释至 1L。

（2）酶试剂 取 GOD 12000 单位、POD 1200 单位、4-氨基安替吡啉 10mg、叠氮

钠100mg，加0.1mol/L磷酸盐缓冲液（pH 7.0）至80mL左右，调节pH至7.0，再加0.1mol/L磷酸盐缓冲液（pH 7.0）至100mL，混匀，4℃保存。

（3）1g/L酚试剂　酚100mg溶于100mL蒸馏水中，棕色瓶保存。酚易在空气中氧化成红色，可先配制成50g/L，贮棕色瓶中，用前稀释。

（4）酶-酚混合试剂　将酶试剂与酚试剂等量混合，4℃保存。

（5）12mmol/L苯甲酸钠溶液　溶解苯甲酸钠1.6g于蒸馏水约800mL中，加温助溶，冷却后加蒸馏水定容至1L。

（6）100mmol/L葡萄糖标准贮存液　称取已干燥恒重的无水葡萄糖1.802g，溶于12mmol/L苯甲酸溶液约70mL中，以12mmol/L苯甲酸溶液定容至100mL。2h以后方可使用。

（7）5mmol/L葡萄糖标准应用液　吸取葡萄糖标准贮存液5.0mL，用12mmol/L苯甲酸钠溶液定容至100mL。

（8）血清　家兔耳静脉取血2~3mL，室温下自然凝固（不加抗凝剂），待血清开始出现时（1h左右），放入4℃冰箱过夜（让血块固缩）。4℃下3000r/min离心10min，小心吸取上清（即血清）备用。

三、实验步骤

取3支试管，按表1加入各试剂。

表1　　　　　　　　血糖测定各试剂及用量表　　　　　　　　单位：mL

试剂名称	空白管	标准管	测定管
血清	—	—	0.02
葡萄糖标准液	—	0.02	—
蒸馏水	0.02	—	—
酶酚混合试剂	3.00	3.00	3.00

混匀，置37℃水浴中（避免阳光直射）保温15min，在波长505nm处比色，以空白管调零，读取标准管及测定管吸光值$A_{标准}$和$A_{测定}$。将数值代入下列公式计算出血清中葡萄糖的浓度。

$$c(\text{mmol/L}) = \frac{A_{\text{测定}}}{A_{\text{标准}}} \times c_{\text{标准}}$$

式中　c——血清中葡萄糖的浓度，mmol/L；

　　　$A_{\text{标准}}$——葡萄糖标准液在 505nm 波长的吸光度；

　　　$A_{\text{测定}}$——待测血清在 505nm 波长的吸光度；

　　　$c_{\text{标准}}$——葡萄糖标准液中葡萄糖的浓度，mmol/L。

四、注意事项

（1）本法用血量甚微，操作中应直接加标本至试剂中，再吸试剂反复冲洗吸管，以保证结果可靠。

（2）试剂尽量新配，若酶-酚混合试剂呈红色，应弃之重配。

（3）GOD 对 β-D-葡萄糖高度特异，而血清中葡萄糖 α 和 β 构型约各占 36% 和 64%，欲使葡萄糖的完全氧化，则必须使 α-葡萄糖变成 β 型。无水葡萄糖结晶属于 α 型，溶于水中，部分葡萄糖发生变旋作用形成 β 型，2h 后 α 与 β 比例达成平衡。因此葡萄糖标准液须在葡萄糖溶解 2h 后（最好过夜）才能应用。

（4）POD 的特异性远低于葡萄糖氧化酶，尿酸、维生素 C、胆红素、谷胱甘肽等还原性物质也可与色原性物质（酚）竞争 H_2O_2，从而使氧化过程中产生的 H_2O_2 被部分消耗，导致形成的色素（醌亚胺）量减少，使血糖测定值偏低。

（5）严重黄疸、溶血及乳糜样血清应先制备无蛋白质血滤液，然后再进行测定。

（6）采血分离血清后，要及时测定，否则血糖浓度会降低。

思考题

1. 葡萄糖氧化酶法测定血糖的原理是什么？
2. 正常血糖范围为多少？血糖测定的临床意义有哪些？
3. 动物血样制备需要注意什么？

教学课件

教学视频

实验七　粮食中脂肪含量的测定——索氏提取法

教学目标

知识目标：了解脂肪的结构性质及其在食品中应用。

能力目标：掌握脂肪提取的原理和操作方法，以及实验注意事项。

素养目标：了解生态环境和健康对人类的重要性，培养学生科学合理使用有机试剂的理念，保护环境人人有责。

一、实验背景

粮食中的脂肪主要包括脂肪（甘油三酸酯）和类脂化合物（脂肪酸、糖脂和固醇）。脂肪是食物中具有最高能量的营养素，也是食物中的三大营养素之一，食物中脂肪含量的高低是衡量食物营养价值的指标之一。在食物加工生产过程中，加工的原料、半成品、成品的只类含量对食品的风味、风味、组织结构、品质、外观、口感等都有重要影响。

样品经前处理后，放入圆筒滤纸内，将滤纸筒置于索式提取管中，利用乙醚或石油醚在水浴中加热回流，使样品中的脂肪进入溶剂中，回收溶剂后所得到的残留物，即为脂肪（粗脂肪）。采用这种方法测出的为游离态脂肪，此外还含有磷脂、色素、蜡状物、挥发油、糖脂等物质，所以用索氏提取法测得的脂肪为粗脂肪。

索氏提取法（图1）适用于脂类含量较高，结合态的脂类含量较少，能烘干磨细，不宜吸湿结块的样品的测定。此法只能测定游离态脂肪，而结合态脂肪无法测出，要想测出结合态脂肪须在一定条件下水解后变成为游离态的脂肪方能测出。另外此法是经典方法，对大多数样品结果比较可靠，但需要周期长，溶剂量大。

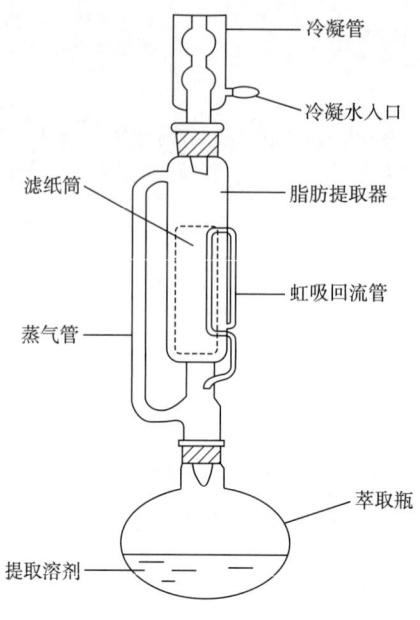

图 1 索氏提取装置图

二、实验器材和试剂

1. 器材

索氏提取器,电热恒温鼓风干燥箱,干燥器,恒温水浴箱;滤纸筒。
黄豆粉末。

2. 试剂

无水乙醚(不含过氧化物)或石油醚(沸点 30~60℃)。

三、实验步骤

1. 样品处理

(1) 固体样品　用分析天平称取待测物 2.0~3.0g(保留 3 位有效数字),记录质量(m_0),用脱脂滤纸、白棉线包好扎紧称量(m_1)。

(2) 半固体或液体样品　称取 5.0~10.0g 于蒸发皿中,加入海砂 20g,于沸水浴上蒸干后,再于 95~105℃烘干、研细,全部移入滤纸筒内。

2. 抽提

将滤纸筒放入索氏抽提器内,连接已干燥至恒重的脂肪接收瓶,由冷凝管上端加入无水乙醚或石油醚,加入量为接收瓶的 2/3 体积,于水浴上(夏天 65℃,冬天 80℃ 左右)加热使乙醚或石油醚不断地回流提取,一般视含油量高低提取 6~12h,至抽提完全为止。

3. 回收乙醚,干燥样品包

取下接受瓶,回收乙醚或石油醚,滤纸筒于 100~105℃ 干燥 1h,取出放入干燥器内冷却至室温称重(m_2)。

四、结果计算

$$\omega = \frac{m_1 - m_2}{m_0} \times 100\%$$

式中　ω——脂类质量分数,%;

　　m_0——待测物质量,g;

　　m_1——待测物、滤纸、白线的质量,g;

　　m_2——提脂后待测物、滤纸、白线的质量,g。

五、注意事项

(1)样品应干燥后研细,样品含水分会影响溶剂的提取效果,而且溶剂会吸收样品中的水分造成非脂成分溶出。装样品的滤纸筒一定要严密,不能往外漏样品,但也不要包得太紧影响溶剂渗透。滤纸筒高度不要超过通气管高度,否则冷凝效果不佳;滤纸筒中样品高度不要超过回流弯管(虹吸管)高度,否则超过弯管的样品中的脂肪不能提尽,造成误差。

(2)对含多量糖及糊精的样品,要先以冷水使糖及糊精溶解,经过滤除去,将残渣连同滤纸一起烘干,再一起放入抽提管中。

(3)抽提用的乙醚或石油醚要求无水、无醇、无过氧化物、挥发残渣含量低。因水和醇可导致水溶性物质溶解,如水溶性盐类、糖类等,使得测定结果偏高。过氧化物会导致脂肪氧化,在烘干时也有引起爆炸的危险。

(4)提取时水浴温度不可过高,以每分钟从冷凝管滴下 80 滴左右,回流 6~12 次/h 为宜,提取过程应注意防火。

（5）在抽提时，冷凝管上端最好连接一个氯化钙干燥管，可防止空气中水分进入，也可避免乙醚挥发在空气中。如无此装置可塞一团干燥的脱脂棉球。

（6）抽提是否完全，可凭经验，也可用滤纸或毛玻璃检查。由抽提管下口滴下的乙醚滴在滤纸或毛玻璃上，挥发后不留下油迹表明已抽提完全。

（7）整个实验在使用乙醚时应注意室内通风换气，实验周围不要有明火，以防空气中有机溶剂蒸气着火或爆炸。乙醚是麻醉剂，吸多了可使人昏迷。

1. 试述索氏提取法与常规加热回流提取法相比的优点和缺点。
2. 日常中人们食用的脂肪来源有哪些？

教学课件

教学视频

实验八　油脂酸价的测定

教学目标

知识目标：了解脂肪酸败对油脂质量的影响。

能力目标：掌握酸价测定原理和操作方法，以及实验注意事项。

素养目标：让学生了解质量优良的油脂对人体健康的重要性，培养学生科学、健康的生活理念，减少油炸食物的摄取，养成良好的生活习惯。

一、实验背景

油脂是油和脂肪的统称，油是不饱和高级脂肪酸甘油酯，脂肪是饱和高级脂肪酸甘油酯。自然界中的油脂是多种物质的混合物，其主要成分是一分子甘油与三分子高级脂肪酸脱水形成的酯，称为甘油三酯。按照来源分为植物油和动物油，植物油在常温常压下一般为液态，称为油；而动物油在常温常压下为固态，称为脂。油脂是人类的主要营养物质和主要食物之一，主要生理功能是贮存和供应热量。

油脂暴露于空气中一段时间后，在脂肪水解酶或微生物繁殖所产生的酶作用下，部分甘油酯会分解产生游离的脂肪酸，使油脂变质酸败。通过测定油脂中游离脂肪酸含量反映油脂新鲜程度。游离脂肪酸的含量可以用中和 1g 油脂所需的氢氧化钾毫克数，即酸价来表示。通过测定酸价的高低来检验油脂的质量。酸价越小，说明油脂质量越好，新鲜度和精炼程度越好。

典型的测量程序是将一份分量已知的样品溶于有机溶剂，用浓度已知的氢氧化钾溶液滴定，并以酚酞溶液作为颜色指示剂。酸价可作为油脂变质程度的指标。

油脂中的游离脂肪酸与氢氧化钾发生中和反应，从氢氧化钾标准溶液消耗量可计

算出游离脂肪酸的量,反应式如下:

$$RCOOH + KOH \longrightarrow RCOOK + H_2O$$

二、实验器材和试剂

1. 器材

碱式滴定管(25mL),锥形瓶(150mL),量筒(50mL),称量瓶,电子天平。

2. 试剂

(1) 氢氧化钾标准溶液 $c(KOH) = 0.1$ mol/L 称取5.61g干燥至恒重的分析纯氢氧化钾溶于100mL蒸馏水(此操作在通风橱中进行)。

(2) 中性乙醚(石油醚)–乙醇(2∶1)混合溶剂 乙醚(石油醚)和无水乙醇按体积比2∶1混合,加入酚酞指示剂数滴,用3g/L氢氧化钾溶液中和至微红色。

(3) 指示剂(10g/L酚酞乙醇溶液) 称取1g酚酞溶于100mL 95%乙醇中。

三、实验步骤

称取均匀试样3~5g于锥形瓶中,加入中性乙醚–乙醇混合溶剂50mL,摇动使试样溶解,再加2~3滴酚酞指示剂,用0.1mol/L碱液滴定至出现微红色在30s不消失,记录消耗的碱液毫升数(V)。

四、结果计算

油脂酸价X(mg KOH/g 油)按下式计算:

$$X = \frac{V \times c \times 56.11}{m}$$

式中 V——滴定消耗的氢氧化钾溶液体积,mL;

c——氢氧化钾溶液的浓度,mol/L;

56.11——氢氧化钾的摩尔质量,g/mol;

m——试样质量,g。

两次试验结果允许差不超过0.2mg KOH/g 油,求其平均数,即为测定结果,测定结果取小数点后第一位。

五、注意事项

氢氧化钾遇水和水蒸气大量放热，形成腐蚀性溶液，具有强腐蚀性。操作人员在称取药品时须佩戴防护口罩、手套，配制时须在通风橱内进行。

思考题

食品中可能导致油脂酸价升高的因素有哪些？

新形态教学资源

教学课件

教学视频

实验九　油脂过氧化值的测定

教学目标

知识目标：了解脂肪氧化对油脂质量的影响。

能力目标：掌握过油脂氧化值测定的原理和操作方法，以及实验注意事项。

素养目标：让学生了解氧化对食品油脂和对人体的负面作用，质量优良的食品对人体健康的重要性，《食品安全法》和国家对食品质量检测是保障人们健康生活水平的需要，培养学生社会主义法治精神。

一、实验背景

油脂过氧化是不饱和脂肪酸经自由基作用形成过氧化物的过程。过氧化值是表示油脂和脂肪酸等被氧化程度的一种指标，是1kg样品中的活性氧的含量，以过氧化物的毫摩尔数表示，用于说明油脂样品是否因为被氧化而变质或被氧化程度。

油脂氧化过程中产生的过氧化物、醛、酮等物质氧化能力较强，能将碘化钾氧化成游离碘，可用硫代硫酸钠来滴定。过氧化值可用于衡量油脂酸败程度，一般来说，过氧化值越高其酸败越严重。以油脂、脂肪为原料制作的食品也可以通过检测其过氧化值来判断其质量和变质程度。油脂的过氧化值是指滴定1g油脂所需要的硫代硫酸钠标准溶液的毫升数，或用碘的质量百分数表示。反应原理用方程式表示如下：

$$CH_3COOH + KI \longrightarrow CH_3COOK + HI$$
$$ROOH（过氧化物）+ 2HI \longrightarrow H_2O + I_2 + ROH$$
$$I_2 + 2Na_2S_2O_3 \longrightarrow Na_2S_4O_6 + 2NaI$$

长期食用过氧化值超标的食物对人体的健康极为不利，过氧化物可以破坏细胞膜结构，导致脱发、体重减轻、心肌梗死、动脉硬化、胃癌和肝癌等。长期食用过高过氧化值的食物会很大程度诱发心血管疾病、肿瘤等慢性疾病。

二、实验器材和试剂

1. 器材

碘价瓶（250mL），微量滴定管（5mL），量筒，移液管，容量瓶，滴瓶，烧瓶等。

2. 试剂

（1）氯仿-冰乙酸混合液　取氯仿40mL，加冰乙酸60mL，混匀。

（2）饱和碘化钾溶液　取碘化钾10g，加水5mL，于棕色瓶中保存。

（3）0.01mol/L硫代硫酸钠标准溶液　用移液管吸取约0.1mol/L的硫代硫酸钠溶液10mL，注入100mL容量瓶中，加水稀释至刻度。

（4）5g/L淀粉指示剂。

三、实验步骤

（1）称取混合均匀的油样2~3g于碘价瓶中，或先估计过氧化值，再按表1称样。

表1　　　　　　　　　　　　油样称取量表

估计的过氧化值/mg当量	所需油样/g	估计的过氧化值/mg当量	所需油样/g
0~12	5.0~2.0	30~50	0.8~0.5
12~20	2.0~1.2	50~90	0.5~0.3
20~30	1.2~0.8		

（2）加入氯仿-冰乙酸混合液30mL，充分混合。

（3）加入饱和碘化钾溶液1mL，加塞后摇匀，在暗处放置3min。

（4）加入50mL蒸馏水，充分混合后立即用0.01mol/L硫代硫酸钠标准溶液滴定至浅黄色时，加淀粉指示剂1mL，继续滴定至蓝色消失为止。

（5）同时做不加油样的空白试验。

四、结果计算

油样的过氧化值按公式（1）计算：

$$过氧化值(I_2\%) = (V_1-V_2) \times N \times 0.1269/m \times 100 \quad (1)$$

式中 V_1——油样用去的硫代硫酸钠溶液体积，mL；

V_2——空白试验用去的硫代硫酸钠溶液体积，mL；

N——硫代硫酸钠溶液的当量浓度，mol/L；

m——油样质量，g；

0.1269——1mg 当量硫代硫酸钠相当于碘的克数。

用过氧化物氧的毫克当量数表示时，可按公式（2）计算：

$$过氧化值(meq/kg) = (V_1-V_2) \times N/m \times 1000 \quad (2)$$

式中 V_1、V_2、N、m 同公式（1）。

两种表示法间的换算关系：

$$meq/kg = I_2\% \times 78.9 \quad (3)$$

五、注意事项

（1）加入碘化钾后，静置时间长短以及加水量多少，对测定结果均有影响。

（2）过氧化值过低时，可改用 0.005mol/L 硫代硫酸钠标准溶液进行滴定。

（3）称取油脂样品时切勿使油样粘在碘价瓶壁上。并应在操作时使样品完全溶解。

（4）碘价瓶瓶盖必须塞紧，以防止碘升华溢出，造成误差。

思考题

食用油过氧化对人体健康的潜在影响有哪些？

教学课件

教学视频

实验十　水果中维生素 C 含量的测定——钼酸铵法

教学目标

知识目标：了解维生素 C 对身体健康的重要作用。

能力目标：掌握维生素 C 含量的测定原理和操作方法，以及实验注意事项。

素养目标：让学生了解维生素 C 在人体健康和发育中的重要作用，养成合理膳食的习惯，提高健康水平，预防多种疾病的发生发展，避免学生受到"吃播"的负面影响，培养学生正确的饮食观。

一、实验背景

维生素 C，是一种多羟基化合物，化学式为 $C_6H_8O_6$。结构类似葡萄糖，其分子中第 2 位及第 3 位上两个相邻的烯醇式羟基极易解离而释放出 H^+，故具有酸的性质，又称 L-抗坏血酸。维生素 C 具有很强的还原性，很容易被氧化成脱氢维生素 C，但其反应是可逆的，并且抗坏血酸和脱氢抗坏血酸具有同样的生理功能，但脱氢抗坏血酸若继续氧化，生成二酮古乐糖酸，则反应不可逆而完全失去生理效能。

钼酸铵法测定的原理：钼酸铵在有硫酸根离子的存在下能与维生素 C 形成钼蓝。此产物在 2~32μg/mL 的范围内符合 Lambert-Beer 定律，可用比色法测定。但此方法不能直接用于测定蔬菜和水果中的抗坏血酸，因为大量的还原物质的存在，使钼酸铵-SO_4^{2+} 与维生素 C 反应一般需要 1h。如果加入适量的偏磷酸-乙酸溶液，可大大缩短时间，几秒就可达到显色最大值。另外，它能减小酚类和其他还原物质的干扰。但是如果偏磷酸过量反应速度反而减慢。此外，为了防止金属离子的干扰（金属离子能使维生素 C 大幅降低），加入适量的草酸-EDTA 较为合适，因为 EDTA 能络合金属离子。

维生素 C 的测定方法还有 2,6-二氯酚靛酚滴定法、2,2-联吡啶比色法等。

二、实验器材和试剂

1. 器材

研钵，试管，离心机，分光光度计。

2. 试剂

（1）50g/L 钼酸铵。

（2）0.05mol/L 草酸溶液　新配置，含 0.02mmol/L EDTA。

（3）5%（体积分数）硫酸溶液。

（4）偏磷酸-乙酸溶液　取 15g 偏磷酸于 40mL 乙酸和 200mL 蒸馏水中，搅拌使其溶解，定容至 500mL，过滤。在冰箱中可保存 3d。

（5）1mg/mL 标准 L-抗坏血酸溶液　用草酸-EDTA 新鲜配制。

三、实验步骤

1. 样品中抗坏血酸的提取

称取一片鲜橘，加 10mL 草酸-EDTA 试剂，研磨成匀浆，在小玻璃漏斗里垫一点棉花过滤匀浆，用少量草酸-EDTA 冲洗漏斗及研钵，将滤液摇匀，记录体积。

2. 标准曲线制作及样品测定

取 9 支试管按表 1 编号操作。

表1　　　　　　　　　　　操作反应试管表

项目	试管编号							样品Ⅰ	样品Ⅱ
	0	1	2	3	4	5	6		
标准维生素 C/mL	0	0.1	0.2	0.3	0.4	0.5	0.6	样品（1.0mL）	样品（1.0mL）
草酸-EDTA	5.0	4.9	4.8	4.7	4.6	4.5	4.4	4.0	4.0
偏磷酸-乙酸	0.5	0.5	0.5	0.5	0.5	0.5	0.5	0.5	0.5
硫酸（5%体积分数）	1.0	1.0	1.0	1.0	1.0	1.0	1.0	1.0	1.0

续表

项目	试管编号							样品Ⅰ	样品Ⅱ
	0	1	2	3	4	5	6		
钼酸铵	2.0	2.0	2.0	2.0	2.0	2.0	2.0	2.0	2.0
蒸馏水	各管均加 H_2O 定容到20mL，混匀，25℃放置15min，在760nm处测定 OD 值								
OD_{760}									
								平均值：	
维生素 C/mg	0	0.1	0.2	0.3	0.4	0.5	0.6		

注：试剂一定要按顺序加入，且每加一种试剂，摇匀后再加下一种试剂，否则要产生沉淀。

四、结果计算

维生素 C%（mg/100g 鲜重）= A_{760}×提取总体积×100/测定取用体积/样品重量

五、注意事项

样品测定过程中试剂一定要按顺序加入，且每加一种试剂，摇匀后再加下一种试剂，否则会产生沉淀。

1. 为什么维生素 C 的提取溶液用草酸-EDTA 缓冲液，而不用水？
2. 维生素 C 对人体的健康作用有哪些？

新形态教学资源

教学课件

教学视频

实验十一　植物中过氧化物酶活性的测定

教学目标

知识目标：了解过氧化物酶对新陈代谢的作用。

能力目标：掌握过氧化物酶活性测定的原理和操作方法，以及实验注意事项。

素养目标：让学生了解过氧化物对人体健康的负面影响，培养学生良好的生活习惯，积极参加体育运动，保持身心健康。

一、实验背景

过氧化物酶是生物体内一类含血红素的重要氧化酶。该酶在清除细胞内的有害物质过氧化氢和保护酶蛋白，并在植物细胞中木质素的形成活动中有重要意义。在生物分类、分子遗传、作物育种和植物生理、病理等方面的研究中常需要测定过氧化物酶活性。

酶活性测定通常有两种方法：一是测定完成一定量反应所需要的时间，即终止法；二是测定单位时间内单位体积中底物减少量或产物增加量，一般测定产物增加量，即动力学法。两种方法中，常用动力学法。采用的技术多为滴定、比色、比旋、气体测压、紫外、荧光、同位素技术等。

在本实验中，利用过氧化物酶催化过氧化氢放出新生态氧，后者使愈创木酚（无色）氧化成红棕色的4-邻甲氧基苯酚，过氧化物酶活性大小在一定范围内与生成物的颜色深浅呈线性关系。所在波长460nm处比色，酶活性大小可表示为 $\Delta A_{460}/(\text{min}\cdot\text{mL})$。其反应式为：

$$\text{愈创木酚} + 4H_2O_2 \xrightarrow{\text{过氧化物酶}} \text{四聚产物}$$

二、实验器材和试剂

1. 器材

电子天平，研钵，离心机，离心管，试管，刻度吸管，恒温水浴锅，分光光度计。经不同胁迫处理的植物叶片，或同一株植物的新老叶片为实验材料。

2. 试剂

（1）酶提取缓冲液　20mmol/L 硼酸缓冲液（pH 8.8），内含 5mmol/L 亚硫酸氢钠（临用前加）。

（2）0.1mol/L 乙酸缓冲液　pH 5.4。

（3）2.5g/L 愈创木酚（溶于 50%乙醇中）溶液　临用前配。

（4）0.75%（体积分数）过氧化氢溶液　临用前配。

三、实验步骤

1. 酶液提取

称取 0.5g 左右植物叶片，记录精确质量。加入预冷的酶提取液 5mL，于冰浴研钵中研磨成匀浆。匀浆转入离心管，少量提取缓冲液冲洗研钵一并转入，平衡后于 $10000 \times g$、4℃离心 20min。将上清液倒入刻度试管或量筒，定容至 10mL，再插入冰浴备用。

2. 酶活性测定

（1）打开光度计，预热 15min 左右，并做好比色前的准备工作。

（2）在光径为 1cm 的比色杯内，依次加入 2mL 0.1mol/L 的乙酸缓冲液和 1mL 2.5g/L 愈创木酚溶液（以上溶液可预先放在 25~30℃水浴中），0.2mL（根据反应情况调整）酶液（用加热煮沸 5min 的酶液为对照），最后加入 0.1mL 0.75%（体积分数）的过氧化氢溶液（开始计时）。迅速颠倒混匀并立即把比色杯插入比色架，盖上盖子，每隔 1min 记录一次在 470nm 处的吸光度值，共记录 5 次。

四、结果计算

以每分钟 OD 变化值 [A_{470}/（g.FW·min）] 表示酶活性大小。也可以用每分钟 OD 值变化 0.01 作为 1 个酶活性单位（U）表示。

$$过氧化物酶活性 [U/(g.FW·min)] = A_{470} \times V_T / m \times V_s \times 0.01 \times t$$

式中　A_{470}——反应时间内 OD 变化值

　　　V_T——提取酶液总体积，mL；

　　　m——植物鲜重，g；

　　　V_s——测定时取用酶液体积，mL；

　　　t——反应时间，min。

五、注意事项

（1）酶提取须在低温下进行。

（2）测定酶活性时应保持待测酶液的酶活性。

（3）测定酶活性时应注意控制反应时间。

思考题

1. 为什么酶的活性不以酶蛋白的量表示？
2. 在用动力学法测定酶活性时，为什么要强调测定酶促反应的初速度？
3. 本实验中，为什么提取酶时用 pH 8.8 的硼酸缓冲液，而测定活力时又用 pH 5.4 的乙酸缓冲液？酶抽提液中为什么要加一些亚硫酸氢钠？
4. 现有某酶提取液 10mL，测得其蛋白质含量为 20mg/mL，另取 10μL 这种酶提取液，在最适条件下测其活力，测得每分钟内它能催化形成 30μmol 的产物。试求：该酶液中酶的总活力为多少？提取液中该酶的比活力为多少？

 **新形态教学资源**

教学课件

教学视频

实验十二　植物源酪氨酸酶抑制剂的筛选

📝 教学目标

知识目标：熟悉植物源酪氨酸酶抑制剂筛选的原理。

能力目标：掌握植物源酪氨酸酶抑制剂筛选的操作步骤及实验注意事项。

素养目标：培养学生生态健康与可持续发展的理念，严谨求实的科学态度，以及小组团结合作的精神。

一、实验背景

白化病、杀虫剂、防褐变剂、美白等都与酪氨酸酶活性有关。

酪氨酸酶（TYR，EC 1.14.18.1）是生成黑色素的关键酶。在酪氨酸酶催化反应生成黑色素的过程中，酪氨酸酶的催化主要发生在酪氨酸转化为多巴以及多巴转化为多巴醌这两个阶段的反应。多巴醌是红色物质，在一定波长光下（475nm）有最大吸收，可进行测定。在一定范围内，红色的深浅与多巴醌含量成正比，单位时间多巴醌的生成量可用来表示酪氨酸酶的活性。

在酪氨酸酶催化体系中，加入抑制剂，以多巴醌的减少量表示对酪氨酸酶的抑制率。酪氨酸酶抑制剂在美容护肤、食品保鲜、害虫防治以及生物抑菌方面都有着十分重要的作用，尤其是在人们对健康安全越来越重视的时代，安全无毒的天然酪氨酸酶抑制剂相比化学合成的酪氨酸酶抑制剂更能得到大众的接受与青睐。研究表明，一些植物中的多酚、黄酮等成分具有一定的酪氨酸酶抑制活性。我国植物资源丰富，从植物中提取的植物源酪氨酸酶抑制剂，相比化学合成的酪氨酸酶抑制剂，具有安全性高的优势，具有良好的发展前景，因此筛选具有抑制酪氨酸酶作用的植物，进一步开发植物源酪氨酸酶抑制剂具有很好的理论及实际意义。

本实验通过测定比较不同植物材料的酪氨酸酶抑制活性，为开发植物源酪氨酸酶抑制剂做基础。

二、实验器材和试剂

1. 器材

分光光度计，分析天平，恒温水浴锅。

湿地松松针、茶花等植物材料。

2. 试剂

酪氨酸酶，L-酪氨酸，熊果苷。

（1）L-酪氨酸溶液（现配现用）　精确称取 L-酪氨酸 4.0mg，先用 1mL 0.1mol/L 盐酸溶液助溶，再加 9mL 0.05mol/L pH 6.8 磷酸缓冲溶液，混合均匀，备用。

（2）酪氨酸酶溶液　用 0.05mol/L pH 6.8 的磷酸缓冲溶液分装好 2000U/mL 的酪氨酸酶溶液备用，冷冻保存。

三、实验步骤

1. 材料的前处理

将几种新鲜植物材料洗净，剪成小段，备用。

2. 提取液的制备

取上述材料 2.0g，加水 10mL，提取温度为 60℃，提取 1h，过滤（或 5000r/min 离心 10min），弃滤渣，得到提取液为样品液。

3. 抑制率的测定

（1）向比色皿中依次加入 1mL L-酪氨酸溶液和 2mL 蒸馏水，加入 30℃ 活化的酪氨酸酶溶液 100μL 和蒸馏水 100μL，室温反应，于 475nm 处测量其反应一定时间后的吸光值（0.5~0.8），记作 A_{475B}。（以磷酸缓冲液代替 L-酪氨酸溶液，重复上述实验，以此作为调零管）平行重复三次。

（2）向比色皿中依次加入 1mL L-酪氨酸溶液和 2mL 蒸馏水，加入 100μL 样品液和 30℃ 活化的酪氨酸酶溶液 100μL，室温反应，于 475nm 处测量其反应上述相同时间的吸光值，记作 A_{475D}。（以磷酸缓冲液代替 L-酪氨酸溶液，重复上述实验，以此作为调零管）平行重复三次。

按表1加样，按公式计算抑制率。

表1　　　　　　　　　　　酪氨酸酶催化反应混合体系　　　　　　　　单位：mL

混合体系	A	B	C	D
L-酪氨酸溶液	0	1	0	1
蒸馏水	2.1	2.1	2	2
磷酸缓冲溶液	1	0	1	0
样品液（抑制剂）	0	0	0.1	0.1
酪氨酸酶溶液	0.1	0.1	0.1	0.1

酪氨酸酶的抑制率（抑制剂）＝（$1-A_{475D}/A_{475B}$）×100%

式中　A_{475B}——底物、酪氨酸酶反应一定时间后的吸光值；

　　　A_{475D}——底物、酪氨酸酶在抑制剂存在下体系反应一定时间后的吸光值。

四、注意事项

（1）酪氨酸酶及样品的加样量要精确。

（2）B管（A_{475B}为0.5~0.8）与D管的反应时间须相同。

思考题

1. 本实验中，为什么A_{475B}最好在0.5~0.8之间？

2. 本实验中，为什么B管与D管的反应时间要相同？

教学课件

教学视频

实验十三　蔗糖酶米氏常数的测定

教学目标

知识目标：了解底物浓度与酶反应速度间的关系和蔗糖酶米氏常数的测定原理。

能力目标：掌握求蔗糖酶米氏常数的测定方法。

素养目标：通过介绍莫德·门坦（Maud Menten）的事迹，进一步帮助学生理解社会主义核心价值观的平等理念，特别是性别平等观念，以及科学家的爱国情怀。

一、实验背景

蔗糖酶又称转化酶（EC.3.2.1.26），是 β-D-呋喃果糖苷水解酶，能特异地催化非还原糖中的 β-D-呋喃果糖苷键水解，具有相对专一性。蔗糖酶不仅能催化蔗糖水解生成葡萄糖和果糖，也能催化棉籽糖水解，生成蜜二糖和果糖。广泛存在于动植物和微生物中，主要从酵母中得到。蔗糖酶在植物的运输贮藏、碳水化合物代谢中发挥主要作用，并在渗透调节、抗逆性生长繁殖以及信号传导方面也发挥着重要的作用。

米氏常数（K_m）是酶的特征常数之一，每一种酶都有它的 K_m 值，K_m 值只与酶的结构和所催化的底物有关，与酶浓度无关。K_m 值可判断酶与底物亲和力的大小。K_m 值小，表示用很低的底物浓度即可达到最大反应速度的一半，说明酶与底物亲和力大。可用 $1/K_m$ 近似地表示亲和力，$1/K_m$ 越大，酶与底物的亲和力越大，酶促反应越易进行。

米氏方程式：$v = v_{max} [S] / K_m + [S]$

式中　v_{max}——最大反应速度；

K_m——米氏常数。

米氏常数的求法很多，最常用的是 Lineweaver-Burk 的作图法（双倒数作图法）。将米氏方程式改写为下列倒数形式（图1）：

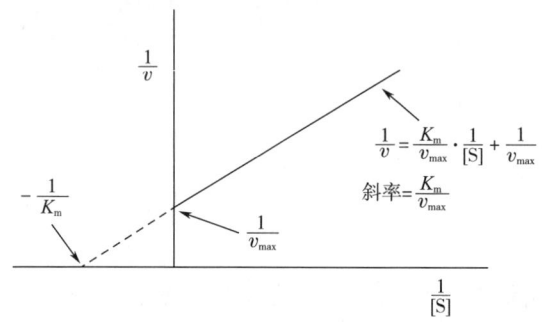

图1　米氏常数图

$$1/v = K_m/v_{max} \cdot 1/[S] + 1/v_{max}$$

实验时，选择不同的[S]，测定相应的 v，求出两者的倒数，以 1/[S] 为横坐标，以 1/v 为纵坐标作图，绘出一条直线，外推至横轴相交，横轴截距即为 $-1/K_m$。

二、实验器材和试剂

1. 器材

分光光度计，恒温水浴，试管，吸管，秒表，坐标纸。

2. 试剂

葡萄糖标准溶液（1mg/mL），0.2mol/L 蔗糖溶液，0.2mol/L 乙酸钠缓冲溶液（pH 4.6），0.1mol/L 氢氧化钠溶液，3,5-二硝基水杨酸试剂。

三、实验步骤

1. 葡萄糖标准曲线的制定（表1）

表1　　　　　　　　葡萄糖标准曲线

试剂名称	试管编号					
	0	1	2	3	4	5
葡萄糖标准溶液/mL	0	0.2	0.4	0.6	0.8	1

续表

试剂名称	试管编号					
	0	1	2	3	4	5
相当葡萄糖量/mg	0	0.2	0.4	0.6	0.8	1
蒸馏水/mL	2	1.8	1.6	1.4	1.2	1
3,5-二硝基水杨酸试剂/mL	3	3	3	3	3	3

将各管溶液混合均匀，在沸水浴中加热5min，取出后立即用冷水冷却至室温，以蒸馏水稀释至25mL，摇匀。测540nm处A值。以葡萄糖含量（mg）为横坐标，A值为纵坐标作标准曲线。

2. 底物浓度和初速度（v）测定

（1）取试管8支，按1~8编号，按表2将蔗糖溶液、乙酸钠缓冲溶液分别加入8支试管中，于37℃水浴中保温10min。

表2　　　　　　　　　　　米氏常数测定表

管号	反应物			活力测定				数据处理			
	0.2mol/L 蔗糖溶液 /mL	乙酸缓冲溶液 /mL	酶液 /mL	1mol/L NaOH /mL	吸取反应物 /mL	水杨酸试剂 /mL	水 /mL	A_{540}	底物浓度	1/[S] /(L/mol)	1/v
1	0	5.0	1.0	5.0	1.0	3.0	1.0				
2	0.5	4.5	1.0	5.0	1.0	3.0	1.0				
3	1.0	4.0	1.0	5.0	1.0	3.0	1.0				
4	1.5	3.5	1.0	5.0	1.0	3.0	1.0				
5	2.0	3.0	1.0	5.0	1.0	3.0	1.0				
6	2.5	2.5	1.0	5.0	1.0	3.0	1.0				
7	3.75	25	1.0	5.0	1.0	3.0	1.0				
8	5.0	0.0	1.0	5.0	1.0	3.0	1.0				

（2）取一定量酶液，放入同一水浴中保温约 10min。于各管中依次按同样时间间隔（0.5min 或 1min）加入已保温过的酶液 1.0mL，计时，立即摇匀，在 37℃ 水浴中作用 5min。

（3）按同样次序和时间间隔，加入 5mL 1mol/L 氢氧化钠溶液，摇匀，终止反应。

（4）吸取反应物 1.0mL，加入盛有 3.0mL 3,5-二硝基水杨酸试剂和 1.0mL 水的试管中，都放入沸水浴中加热 5min，冷却后稀释至 25mL，摇匀，在 540nm 处比色测定 A 值。

（5）以 A 值对应的葡萄糖量为相对反应速度，以 $1/[S]$ 为横坐标，$1/v$ 为纵坐标作图，由图求出 K_m 值。

四、注意事项

（1）加试剂量必须准确，不要溅附于试管壁。

（2）反应时间应严格控制，保证各管反应时间一致。

思考题

为什么说米氏常数 K_m 是酶的一个特征常数，而 v_{max} 不是？

新形态教学资源

教学课件

教学视频

| 第三章 |

生物物质代谢实验

实验一 乳酸脱氢酶（LDH）活性的测定

教学目标

知识目标：熟悉乳酸脱氢酶（LDH）活性测定的原理和方法。
能力目标：熟练掌握紫外-可见光分光光度计的连续测定酶活性方法。
素养目标：培养良好的科学素养、团队合作能力，关注社会发展。

一、实验背景

烟酰胺腺嘌呤二核苷酸（NADH）是一种化学物质，为还原型辅酶Ⅰ，其中，N是烟酰胺，A是腺嘌呤，D是二核苷酸，NAD^+是NADH的氧化态。NADH在260nm和340nm处各有一吸收峰，而NAD^+只有260nm一处吸收峰，该特性是多个代谢反应中测量代谢率的主要依据。NAD^+在260nm的吸光系数为1780L/（mol·cm），而NADH在340nm的吸光系数为6200L/（mol·cm）。因此，以NAD^+为辅酶的各种脱氢酶都可通过光吸收值的改变定量测定酶的活性。

乳酸脱氢酶（LDH, EC 1.1.1.27）是糖代谢中无氧酵解的关键酶，是以NAD^+为辅酶，催化生物体内丙酮酸与乳酸之间可逆反应的一组同工酶，在能量代谢中发挥重要作用。在临床医学上，LDH被认为是潜在的药物靶点，用于治疗依赖于无氧代谢提供能量的疾病。在厌氧条件下，LDH能够催化丙酮酸，接受NADH的质子氢，生成乳酸；当动物体内缺乏葡萄糖时，可以氧化乳酸生成丙酮酸，并经葡萄糖异生途径转变为葡萄糖。乳酸脱氢酶可逆催化反应方式如下：

$$CH_3-\overset{O}{\underset{\|}{C}}-COOH \underset{NADH \quad NAD^+}{\overset{LDH}{\rightleftharpoons}} CH_3-\underset{|}{\overset{OH}{C}}H-COOH$$

丙酮酸（pyruvate）   乳酸（lactate）

采用紫外分光光度法测定 LDH 的活性具有简单、快速的特点。在本实验中，通过向含丙酮酸及 NADH 的基质溶液中加入一定量的酶液，监测 NADH 在 340nm 处吸光值的减少。吸光值减少越多，表明 LDH 活性越高。

LDH 酶活性单位的定义如下：在 25℃，pH 7.5 条件下，A_{340} 每分钟下降 0.1 的 LDH 酶量为 1 个单位。此外，通过定量测定 LDH 的蛋白质含量，也可计算出 LDH 的比活力（U/mg）。

二、实验器材和试剂

1. 器材

水浴锅，pH 计，比色皿，紫外分光光度计，试管，橡皮管，量筒等。

2. 试剂

（1）磷酸盐缓冲液（PBS，0.1mol/L，pH 7.4） 称取 13.97g K_2HPO_4 和 2.69g KH_2PO_4，溶于 1L 蒸馏水中。

（2）NADH 溶液 3.5mg 纯 NADH，1mL 磷酸缓冲液（0.1mol/L，pH 7.5），摇匀，避光保存（现配现用）。

（3）丙酮酸钠溶液 2.5mg 丙酮酸钠，加 29mL 磷酸缓冲液（0.1mol/L，pH 7.5），使其完全溶解（现配现用）。

（4）LDH 粗酶液 取 10g 小白鼠肝脏用生理盐水洗净，滤纸吸干水，再用预冷的 0.1mol/L pH 7.4 的 PBS 捣碎，并定容至 100mL。

三、实验步骤

（1）将丙酮酸钠溶液及 NADH 溶液置于 25℃水浴锅中预热。

（2）空白对照 向比色皿中加入 3mL 丙酮酸钠溶液，放紫外分光光度计中，调节 A_{340} 值为零。

（3）LDH 活性测定

①依次向比色皿中加入丙酮酸钠溶液 2.9mL，NADH 溶液 0.1mL，摇匀，测定并记录 A_{340} 起始值。

②再向该比色皿中加入适当稀释的 LDH 酶液（≈10μL），立即混匀并计时，每隔 0.5min 读取一次 A_{340} 值，连续测定 3min。

（4）反应结束后，以 A_{340} 为纵坐标，反应时间为横坐标作图。

（5）LDH 活性计算

$$提取液中 LDH 总活力单位 = LDH 活性（U/mL）× 总体积$$

四、注意事项

（1）操作时需控制 LDH 酶的稀释倍数或加入量，控制其酶活性单位在 0.1~0.2 之间，尽量减少测定误差。

（2）A_{340} 的起始值应大于 0.4。

（3）计算 LDH 酶活性时，应取酶促反应线性部分计算 A_{340} 的减少值。

思考题

影响乳酸脱氢酶酶活性的因素有哪些？

新形态教学资源

教学课件

教学视频

实验二 肝匀浆中谷丙转氨酶（GPT）活性的测定

教学目标

知识目标：了解转氨酶的性质及在临床上的意义。

能力目标：掌握转氨酶活力测定的原理和操作方法，以及实验注意事项。

素养目标：让学生充分了解肝脏的重要作用，培养合理的饮食习惯和健康的作息规律，在日常生活中提高自律的能力。

一、实验背景

生物机体内转氨基作用是 α-氨基酸的氨基通过酶促作用转移到 α-酮酸的酮基位置上，产生相应的酮酸和氨基酸的化学反应，催化这反应的酶称为转氨酶。谷丙转氨酶（GPT）又称丙氨酸氨基转移酶（ALT），可催化基质（底物）丙氨酸与 α-酮戊二酸生成谷氨酸和丙酮酸。

转氨酶广泛存在于机体的各种组织中，在肝、心、肾等组织中的谷丙转氨酶活性较高。在正常的新陈代谢过程中，血清内维持一定水平的转氨酶活性（即正常值）。当肝、心、肾等组织发生病变时，只要少量释放入血中，血清中其酶的活性即可明显升高。在各种病毒性肝炎的急性期、药物中毒性肝细胞坏死时，ALT 大量释放入血中，因此它是诊断病毒性肝炎、中毒性肝炎的重要临床指标之一。

本实验将谷丙转氨酶作用于底物丙氨酸及 α-酮戊二酸，生成谷氨酸与丙酮酸。丙酮酸继续与 2,4-二硝基苯肼作用，生成二硝基苯脎，该物质在碱性溶液呈红棕色（A_{520}）；与经同样处理的标准丙酮酸同时比色，求得丙酮酸的生成量以表示转氨酶的活性。

二、实验器材和试剂

1. 器材

剪刀或组织捣碎机，水浴锅，分光光度计，比色皿等，计算纸（9cm×9cm）。

2. 试剂

（1）标准丙酮酸　丙酮酸钠62.5mg，溶于100mL 0.05mol/L硫酸中，现用现配。

（2）谷丙转氨酶底物　0.9g L丙氨酸（Ala）和29.2mg α-酮戊二酸，溶于pH 7.4的0.1mol/L磷酸盐（PBS）缓冲液中，然后用1mol/L氢氧化钠调pH至7.4，继续用上述PBS稀释至100mL，4℃保存1周。

（3）0.1mol/L PBS缓冲液（pH 7.4）　称取13.97g K_2HPO_4 和2.69g KH_2PO_4 溶于1L蒸馏水中。

（4）0.2g/L 2,4-二硝基苯肼溶液　取20mg 2,4-二硝基苯肼溶于1mol/L盐酸溶液中（加热），并用1mol/L盐酸定容至100mL。

（5）0.4mol/L氢氧化钠溶液。

（6）新鲜肝脏　购买或取小白鼠肝脏。

三、实验步骤

1. 肝匀浆

取10g肝脏用生理盐水洗净，滤纸吸干水，再用预冷的0.1mol/L pH 7.4的PBS捣碎，并定容至100mL。

2. 谷丙转氨酶活性的测定

（1）取4支试管，标注名称，按照表1操作。

表1　　　　　　　　　　　操作试管表

试剂/mL　　　试管	测定管（A）	标准管（S）	对照管（B）	空白管
谷丙转氨酶底物	0.5	0.5	—	—

续表

试剂/mL＼试管	测定管（A）	标准管（S）	对照管（B）	空白管
37℃水浴保温 5min				
肝匀浆	0.1	0.1（标准丙酮酸）	0.1	0.1（H_2O）
混匀后，37℃水浴，准确保温 30min				
2,4-二硝基苯肼	0.5	0.5	0.5	0.5
谷丙转氨酶底物	—	—	0.5	0.5
混匀后，37℃水浴，准确保温 20min				
0.4mol/L NaOH	各加 5mL，混匀，静置 10min 后比色			
A_{520}				0.000

(2) 计算酶活性

酶在37℃与底物作用30min，产生 2.5μg 丙酮酸为一个谷丙转氨酶活性单位。

四、结果计算

每克肝脏谷丙转氨酶活性单位（U/g）：

$$D = \frac{(A-B) \times 500 \times 100}{S \times 2.5 \times 10}$$

式中　A——样品 A_{520}；

　　　B——对照 A_{520}；

　　　S——标准 A_{520}；

　　　500——标准丙酮酸浓度，μg/mL；

　　　2.5——谷丙转氨酶换算单位，μg/U；

　　　100——100mL 肝匀浆，mL；

　　　10——10g 肝，g。

五、注意事项

(1) 注意强酸强碱的使用安全。

(2) 采用新鲜的肝脏。

思考题

血液中谷丙转氨酶升高,在临床体检中有什么意义?

教学课件

教学视频

实验三　脂肪酸 β 氧化的测定

✏ 教学目标

知识目标：熟悉脂类代谢、脂肪酸 β 氧化。

能力目标：掌握脂肪酸 β 氧化的测定技术及注意事项。

素养目标：减肥、戒糖、健身等是当下的流行词汇，通过让学生充分了解体内脂肪的来源和去路，培养学生形成科学的饮食习惯和健康的审美观，不盲从，不跟风。

一、实验背景

脂肪酸是由碳、氢、氧三种元素组成的一类化合物，是中性脂肪、磷脂和糖脂的主要成分。

脂肪酸 β 氧化：脂肪酸在一系列酶的作用下，在 α-碳原子和 β-碳原子之间断裂，β-碳原子被氧化成羧基，生成含有两个碳原子的乙酰辅酶 A，和较原来少两个碳原子的脂肪酸。β 氧化是代谢氧化的一个长链脂肪酸通过连续周期的反应在每一步的脂肪酸是缩短形成含两个原子碎片移除乙酰辅酶 A。脂肪酸 β 氧化过程可概括为活化、转移、β 氧化及最后经三羧酸循环被彻底氧化生成 CO_2 和 H_2O 并释放能量等。

肝脏中，脂肪酸经 β 氧化生成乙酰辅酶 A，两分子乙酰辅酶 A 可缩合生成乙酰乙酸。乙酰乙酸可脱羧生成丙酮，也可还原生成 β-羟丁酸。乙酰乙酸、β-羟丁酸、丙酮总称为酮体。

本实验用新鲜肝糜与丁酸孵育反应，生成的丙酮在碱性条件下，与碘生成碘仿，反应式如下：

$$2NaOH + I_2 = NaOI + NaI + H_2O$$

$$CH_3COCH_3 + 3NaOI = CHI_3 + CH_3COONa + 2NaOH$$

剩余的碘，用标准硫代硫酸钠溶液滴定。

$$NaOI + NaI + 2HCl = I_2 + 2NaCl + H_2O$$

$$I_2 + 2Na_2S_2O_3 = Na_2S_4O_6 + 2NaI$$

根据滴定对照与滴定样品所消耗硫代硫酸钠溶液体积差，计算由丁酸氧化生成丙酮的量。

二、实验器材和试剂

1. 器材

水浴锅，碱式滴定管（10mL），组织捣碎机，锥形瓶，吸管等。

新鲜肝脏。

2. 试剂

（1）5g/L 淀粉　蒸馏水边加热边搅拌配制。

（2）9g/L 氯化钠（NaCl）溶液。

（3）0.5mol/L 正丁酸溶液　取 5mL 正丁酸溶于 100mL 0.5mol/L 氢氧化钠（NaOH）溶液中。

（4）150g/L 三氯乙酸溶液。

（5）100g/L NaOH 溶液。

（6）10%（体积分数）盐酸（HCl）。

（7）0.1mol/L 碘溶液　称 12.7g 碘和 25g KI 溶于蒸馏水中，稀释至 1L，用 0.05mol/L $Na_2S_2O_3$ 标准溶液标定。

（8）0.02mol/L $Na_2S_2O_3$ 标准溶液。

（9）1/15mol/L pH 7.6 的磷酸盐缓冲液　1/15mol/L Na_2HPO_4 86.8mL 与 1/15mol/L NaH_2PO_4 13.2mL 混合。

三、实验步骤

1. 肝糜的制备

称取肝组织 5g 于研钵中，加入 9g/L NaCl 溶液研磨至细浆，再用 9g/L NaCl 定容至总体积 10mL。

2. 实验操作

准备 4 个 50mL 锥形瓶，2 只试管，按表 1 操作。

表 1　　　　　　　　　　　　实验操作表

试剂/mL ＼ 锥形瓶编号	1（样品）	2（对照）	目的
1/15mol/L pH 7.6 磷酸盐缓冲液	3	3	β 氧化
0.5mol/L 正丁酸	2	—	
肝糜	2	2	
43℃水浴保温 1h 后，从水浴取出，加入以下试剂			
150g/L 三氯乙酸	3	3	沉淀蛋白质
正丁酸（对照追加）	—	2	
混匀静置 15min，过滤或离心，滤液收集到 2 只试管中，另取 2 只锥形瓶（编号都同上对应）			
试管滤液（加入对应锥形瓶）	2	2	酮体的测定
0.1mol/L 碘溶液	3	3	
100g/L NaOH	3	3	
摇匀，静置 10min			
10%（体积分数）HCl（中和）	3	3	
用 0.02mol/L $Na_2S_2O_3$ 标准溶液滴定，至浅黄时，加入 3 滴淀粉溶液（指示剂）。摇匀后，继续滴至蓝色消失，记录消耗标准 $Na_2S_2O_3$ 的体积（mL）			滴定

四、结果计算

$$丁酸经肝脏催化生成丙酮的含量（mmol/g）=（A-B）\times c/（6\times m）$$

式中　A——滴定对照消耗的 0.02mol/L $Na_2S_2O_3$ 溶液的体积，mL；

　　　B——滴定样品消耗的 0.02mol/L $Na_2S_2O_3$ 溶液的体积，mL；

　　　c——$Na_2S_2O_3$ 标准溶液的浓度，mol/L；

　　　m——滴定样品里肝脏的质量，g。

五、注意事项

（1）过滤若较慢，可采用4000r/min离心5min，取上清。

（2）待滴定至浅黄时再加淀粉指示剂，不可提前加，避免误差。

> **思考题**
>
> 实验中用三氯乙酸的目的是什么？

新形态教学资源

教学课件

教学视频

实验四　尿液中尿酸含量的测定——分光光度法

📝 教学目标

知识目标：了解尿酸在临床上的意义。

能力目标：掌握尿酸的测定原理和操作方法，以及实验注意事项。

素养目标：科学监测保护自然生态链，就是对人体健康的保驾护航，培养学生对家庭和社会的责任与义务。

一、实验背景

尿酸（UA）是人体和动物嘌呤代谢的终产物，正常人体尿液中产物主要为尿素，含少量尿酸。尿酸的积聚主要有四个原因：第一是过量食用高嘌呤的食物；第二是体内嘌呤代谢出现问题；第三是排泄量过少；第四是尿酸无法正常排泄。正常人体内尿酸每日的生成量和排泄量大约是相等的，人体一般尿酸高是人体的嘌呤因代谢发生紊乱，致使体液中尿酸增多，引起的一种代谢性疾病痛风（高尿酸血症）。

尿酸有共轭双键，通过紫外分光光度计扫描在294nm处有最大吸收，紫外分光光度法测定尿酸浓度时，在稀溶液 0~40μmol/L 范围内 294nm 的吸光度与浓度线性关系良好，因此可以用此方法测定尿液中的尿酸。尿酸分子结构式如下：

尿酸

二、实验器材和试剂

1. 器材

离心管或小试管，石英比色杯，紫外分光光度计。

2. 试剂

（1）1000μmol/L UA 储备液　精确称量 16.811mg UA 溶于 20mL 0.1mol/L NaOH 溶液中，用蒸馏水定容至 100mL。

（2）0.1mol/L 氢氧化钠（NaOH）溶液　精确称量 4.000g NaOH，溶于蒸馏水，定容至 1000mL。

三、实验步骤

1. 标准曲线制作

按照表 1 设置 0、1、2、3、4、5 编号试管，溶液应按照顺序依次加入 UA 储备液和去离子水，混匀倒入石英比色皿测吸光值 A，以浓度为横坐标，吸光值 A 为纵坐标，绘制标准曲线。

表 1　　　　　　　　　　实验操作表

项目	试管编号					
	0	1	2	3	4	5
UA 标准溶液/（μmol/L）	0	5	10	20	30	40
UA 储备液/[（μmol/L）/μL]	0	30	60	120	180	240
去离子水/μL	6000	5970	5940	5880	5820	5760
A_{294}						

2. 样品测定

按照下表设置 0 号空白管调零，测定溶液吸光值。如果样品中的 UA 浓度过高，可以减少样品用量或适当稀释后再进行测定，根据标准曲线计算待测样品浓度。

参考区间（表 2）：

表2　　　　　　　　　　　　　测定参考表

成年人男性	149~41μmol/L
成年人女性	89~357μmol/L

四、注意事项

（1）尿液样本中的尿酸室温下可稳定3d，尿液样本冷藏后，可引起尿酸盐沉淀，可调节pH至7.5~8.0，并将样本加热至50℃，再行测定。

（2）如果样品有蛋白质，应加蛋白质沉淀液沉淀去除蛋白质，可能引起尿酸与蛋白质共沉淀，而且随着pH不同而变化，尽量使滤液pH保持在3.0~4.3。

人体尿酸过多对人体健康有哪些潜在影响？

教学课件

教学视频

第四章

综合性实验

实验一　苯丙氨酸解氨酶的分离、活性与比活力的测定

教学目标

知识目标：熟悉酪蛋白制备的原理及其应用。

能力目标：掌握实验操作步骤以及实验注意事项，掌握离心、分级沉淀等实验技术方法。

素养目标：培养学生胆大心细、科学严谨的实验习惯，结合抗逆酶的特性，让学生学会遭遇逆境不要怕，在逆境中锻炼成长。

一、实验背景

实验室提取酶液时，由于在生物组织中，除我们所需要的目标酶之外，往往还有许多其他酶、杂蛋白质及其他杂质，因此制取某酶制剂时，必须经过分离、纯化等手续。盐析法因其纯化倍数不高，故常用于酶的粗分级，即一般在纯化酶的步骤前期使用。

所谓盐析，即在蛋白质溶液中加入一定量的中性盐（如硫酸铵、硫酸钠等）使蛋白质沉淀析出。其原理是由于中性盐在水中解离时，能夺走蛋白质胶粒表面的水分子，破坏水化膜结构；同时中性盐解离后形成的带电离子能中和蛋白质表面的电荷，这两种作用使溶液中蛋白质沉淀析出。

不同盐浓度下各种蛋白质的溶解度是不同的，因此调节溶液的盐浓度可使各种蛋白质先后沉淀出来，或者使需要的酶与其他杂蛋白质分开，达到提纯目的，即分级沉淀法。

本实验中用硫酸铵作为沉淀剂，通过调整酶液中硫酸铵的饱和度，将苯丙氨酸解

氨酶（PLA，EC.4.3.1.5）从杂蛋白质及杂质中分离出来，并通过测定酶的比活力反映提取酶液的纯度。分级沉淀中需加的固体硫酸铵可从硫酸铵饱和度常用表（附录六）中查得。若提纯少量样品，则需加入饱和硫酸铵溶液，加入量也可按下式计算：

$$V = V_0 (S_2 - S_1) / (1 - S_2)$$

式中　V、V_0——应添加的饱和硫酸铵溶液的体积和起始溶液体积，mL；

　　　S_2、S_1——需要到达的饱和度和起始溶液的饱和度，%。

PAL 催化 L-苯丙氨酸裂解为反式肉桂酸和氨，产物反式肉桂酸在波长 290nm 处有最大吸收值。本实验通过终止法测定 1h 内 A_{290} 升高的速率来判定 PAL 的活性，并规定每小时吸光度（A_{290}）增加 0.01 为 PAL 的一个活性单位。为了计算 PAL 的比活力，需要测定酶液的蛋白质含量（用毫克数表示）。

二、实验器材和试剂

1. 器材

电子天平，冷冻离心机，恒温水浴，紫外可见分光光度计，试管，烧杯，研钵，剪刀，量筒，离心管。

培养一周左右的小麦幼苗（或其他植物材料）。

2. 试剂

（1）酶提取缓冲液（0.1mol/L 硼酸-硼砂缓冲液，pH 8.7）　取 100mL 0.1mol/L 硼酸-硼砂缓冲液（pH 8.7），加入 0.037g EDTA 钠盐，混匀，临用前再加入 0.137mL β-巯基乙醇，混匀。

（2）0.6mmol/L L-苯丙氨酸溶液　用 pH 8.7 硼酸-硼砂缓冲液配制。

（3）6mol/L 盐酸（HCl）溶液。

（4）蛋白质标准溶液（100μg/mL）　精确称取牛血清清蛋白（BSA）10mg 于烧杯内，用蒸馏水溶解，完全转移到 100mL 容量瓶内，定容至刻度，混匀。

（5）考马斯亮蓝 G250 蛋白质染色液　称取 10mg 考马斯亮蓝 G250，溶于 5mL 95%乙醇中，加入 850g/L 磷酸 10mL，混匀后即为母液（在室温下可较长期地保存）。用前，按 15mL 母液加 85mL 蒸馏水的比例稀释，混匀后过滤即为稀释液（在室温下至少可保存 1 个月）。

（6）硫酸铵。

三、实验步骤

1. 酶液提取

称取小麦幼苗（或其他植物材料）1.0g左右，剪碎于研钵中，加入预冷的酶提取缓冲液3.0mL，置冰浴上充分研磨成匀浆；将匀浆液全部转入塑料离心管，平衡后于10000×g、4℃离心20min；将离心后的上清液全部转入10mL量筒中，准确记录体积，此上清液即为酶液，置冰浴中待用。

2. 硫酸铵分级沉淀酶蛋白

（1）从酶粗提液中吸取出0.8mL，以作后面活性测定等用。根据实际体积和硫酸铵饱和度常用表，算出达到400g/L饱和度实际应加入酶液中的硫酸铵量，并称取该量的硫酸铵。

（2）将酶液到入烧杯内，烧杯置于冰浴中，然后缓慢搅拌下边缓慢加入称好的固体硫酸铵（不能有大颗粒），待全部硫酸铵加入后，再缓慢搅拌20min。

（3）将上述溶液到入离心管，于10000×g、4℃离心10min，倒上清液于烧杯内，保留沉淀，记为沉淀P_1。

（4）根据硫酸铵饱和度常用表，查出40%～75%饱和度所需硫酸铵用量，算出并称取实际应加的硫酸铵量。

（5）按上述（2）、（3）步同法处理，离心后，倒出上清液，保留沉淀，记为沉淀P_2。

3. PAL活性测定

（1）将沉淀P_1和沉淀P_2分别溶于1mL酶抽提液中，待沉淀全部溶解后，定容至1.5mL，记为沉淀液P_1和沉淀液P_2。

（2）取试管7支，按下列编号并加入各试剂（表1）。

表1　　　　　　　　　　酶活性测定表

试剂名称	试管编号						
	a	b	c	d	e	f	g
pH 8.7 0.1mol/L 硼酸-硼砂缓冲液/mL	4.0	3.9	4.9	3.9	4.9	3.9	4.9

续表

试剂名称	试管编号						
	a	b	c	d	e	f	g
酶粗提取液/mL	—	0.1	0.1	—	—	—	—
沉淀液 P_1/mL	—	—	—	0.1	0.1	—	—
沉淀液 P_2/mL	—	—	—	—	—	0.1	0.1
0.6mmol/L L-Phe/mL	1.0	1.0	—	1.0	—	1.0	—

（3）以上试管放入恒温水浴（40℃）中保温60min后，立即加入0.2mL 6mol/L HCl，混匀终止反应。

（4）于波长290nm处，以a管溶液调零，分别记录各管 A_{290} 吸光值（A_b……）。

4. 蛋白质含量测定（考马斯亮蓝G250染色法）

分别吸取0.1mL酶粗提液、沉淀液 P_1、沉淀液 P_2，用蒸馏水稀释至10mL（视蛋白质含量多少而定），分别为稀释酶液、稀释沉淀液 P_1、稀释沉淀液 P_2。取试管12支，编号，按表2加入溶液。

表2　　　　　　　　　　　蛋白质含量测定表

试剂名称	试管编号											
	0	1	2	3	4	5	6	7	8	9	10	11
蛋白质标准溶液/mL	0	0.2	0.4	0.6	0.8	1	—	—	—	—	—	—
稀释酶液/mL	—	—	—	—	—	—	1	1	—	—	—	—
稀释沉淀液 P_1/mL	—	—	—	—	—	—	—	—	1	1	—	—
稀释沉淀液 P_2/mL	—	—	—	—	—	—	—	—	—	—	1	1
蒸馏水/mL	2	1.8	1.6	1.4	1.2	1	1	1	1	1	1	1
考马斯亮蓝染色液/mL	2	2	2	2	2	2	2	2	2	2	2	2

将上述各管摇匀，放置2min。以0号管溶液调零，利用玻璃比色杯和分光光度计测定各管的 A_{595} 吸光值。

四、结果计算

1. PAL 活性计算

$$酶粗提液活性 = \frac{1.5 \times (A_b - A_c)}{0.1 \times 0.01 \times t \times m}$$

$$沉淀液 P_1 酶活性 = \frac{1.5 \times (A_d - A_e)}{0.1 \times 0.01 \times t \times m}$$

$$沉淀液 P_2 酶活性 = \frac{1.5 \times (A_f - A_g)}{0.1 \times 0.01 \times t \times m}$$

式中　A——不同吸光度；

　　　t——反应时间，h；

　　　m——材料质量，g；

　　　1.5——样品总体积，mL；

　　　0.1——反应所用酶样品体积，mL。

注：酶液中 PAL 总活力计算以"活力单位/g 鲜重"表示。

2. 酶液中蛋白质的总量计算

以标准蛋白质浓度为横坐标，对应的吸光值为纵坐标绘制标准曲线。利用此标准曲线，分别计算 1mL 稀释样品的蛋白质总量（M_1：稀释酶液，M_2：稀释沉淀液 P_1，M_3：稀释沉淀液 P_2）。

$$酶粗提液蛋白质总量 = M_1 \times 100 \times 1.5$$

$$沉淀液 P_1 蛋白质总量 = M_2 \times 100 \times 1.5$$

$$沉淀液 P_2 蛋白质总量 = M_3 \times 100 \times 1.5$$

注：蛋白质总量以"mg"表示。计算式中的 100 为稀释倍数，1.5 为样品的体积（mL）。

3. PAL 比活力计算

$$PAL 比活力 = \frac{酶液中 PAL 总活性单位数}{酶液中蛋白质总毫克数}$$

注：以"活性单位 U/mg 蛋白质"表示。

4. 计算纯化倍数

$$纯化倍数 = \frac{沉淀液 P_2 中 PAL 比活力}{酶粗提液中 PAL 比活力} \times 100（\%）$$

五、注意事项

（1）硫酸铵容易吸潮，因而在使用前，一般先磨碎，平铺放入烘箱内 60℃ 烘干后再称量。

（2）在加入固体硫酸铵时应缓慢均匀，搅拌也要缓慢，越到后面速度更应越缓慢，以免引起局部的盐浓度过高，导致酶失活。

（3）PAL 属于诱导酶，受光（如红光）、受伤、病害感染等诱导活性增高。

（4）除直接用新鲜材料提取的酶液测定外，也可将酶液用冷丙酮制成丙酮粉（可较长时间保存），然后用缓冲液溶解测定。

（5）离心完毕后，请将酶液及时转移至 10mL 量筒，酶液中不能有颗粒物质。

（6）测定蛋白质时，必须将试管中所加试剂及时摇匀。

（7）考马斯亮蓝染色液易使比色皿着色，自来水难以清洗干净，所以每测一个样，比色皿都须用无水乙醇进行清洗。

（8）在波长 320nm 以下的实验范围一定要选用石英比色皿，绝不可以玻璃比色皿替代，比色皿须保持清洁，拿放时要符合要求。

思考题

1. 如何确定用硫酸铵沉淀某所需酶蛋白的最佳饱和度的范围？
2. 试述硫酸铵分级沉淀苯丙氨酸解氨酶的优缺点。
3. 在 PAL 活性测定中，设置 0 号管和对照管的目的是什么？
4. 何谓比活力？测定比活力有何意义？

新形态教学资源

教学课件

教学视频

实验二　荧光蛋白的表达纯化分析

教学目标

知识目标：熟悉原核蛋白质诱导表达的原理和方法，熟悉亲和层析的原理和方法，熟悉 SDS-PAGE 电泳的原理和方法，熟悉分光光度法的原理和方法。

能力目标：掌握原核细胞异丙基-β-D-硫代半乳糖苷（IPTG）诱导蛋白质表达的技术，掌握镍亲和柱纯化蛋白质的技术操作，熟悉掌握 SDS-PAGE 电泳相关技术，熟悉掌握分光光度技术。

素养目标：培养学生的美育素养，科技创新能力，团结合作精神。

一、实验背景

蛋白质的原核表达一般是指通过基因克隆技术，将外源目的基因通过构建表达载体并导入原核表达菌株，使其在胞内进行表达。原核表达系统通常包括对应的表达载体和表达菌株等。

原核表达载体质粒上的重要元件包括复制子、筛选标记、启动子、终止子、多克隆位点、融合标签等。

目前常用的原核表达菌株是大肠杆菌 BL21（DE3）及其优化株。不同的表达载体对应有不同的表达菌株，一些特别设计的菌株更有助于解决一些表达难题。例如，Rosetta-gamiB（DE3）大肠杆菌细胞，其染色体整合了 λ 噬菌体 DE3 区（含有 T7 噬菌体 RNA 聚合酶）适合 T7 启动子诱导的蛋白质表达，聚合了 BL21、Origami、Rosetta 四种菌株的优点，补充大肠杆菌缺乏的 6 种稀有密码子（AUA、AGG、AGA、CUA、CCC、GGA）对应的转运 RNA（tRNA），提高外源基因的表达水平；并且有利于高效形成正确折叠含有二硫键的蛋白质,提高目的蛋白的可溶性。

基于不同蛋白质性质(溶解度、分子大小、带电性质、配体特异性)的差异等,可以对蛋白质进行分离、纯化。亲和层析是利用生物大分子与某些相对应的专一分子特异识别和可逆结合的特性而建立起来的一种分离生物大分子的层析方法。亲和层析是分离蛋白质的一种非常有效的方法。常见的蛋白质纯化标签有多聚组氨酸,谷胱甘肽巯基转移酶,麦芽糖结合蛋白等。

荧光是物质吸收电磁辐射后受到激发,受激发原子或分子在去激发过程中再发射波较长的光称为荧光。当激发光源停止辐照后,荧光发射也立刻停止。如果把荧光的能量-波长关系图做出来就是荧光光谱。荧光分析的最大特点是灵敏度高,通常情况下要比分光光度计的灵敏度高出 2~3 个数量级。荧光蛋白内部的发色团,同样具有普通荧光分子的特性。

本实验利用原核细胞表达荧光蛋白,利用亲和层析的方法对目的蛋白进行了分离纯化,并且对获得的目的荧光蛋白进行荧光光谱分析。

二、实验器材和试剂

1. 器材

柱层析系统(蠕动泵、1mL 层析柱)等。

2. 试剂

溶菌酶、二硫苏糖醇,异丙基硫代半乳糖苷,苯甲基磺酰氟,天冬氨酸蛋白酶抑制剂,Ni-NTA 琼脂糖树脂,氨苄青霉素,LB 培养基,分别表达红色荧光蛋白(RFP)、红色和青色荧光蛋白的融合蛋白(RC)、丙酮酸激酶和绿色荧光蛋白的融合蛋白(PKG)的大肠杆菌表达载体 pRFP、pRC 和 pPKG。

三、实验步骤

1. 准备实验材料,细胞转化

准备 LB 液体培养基(10g/L 胰蛋白胨,5g/L 酵母提取物,10g/L 氯化钠,用 5mol/L NaOH 调节 pH 至 7.4,10.34kPa 高压下蒸汽灭菌 21min)、LB 固体培养基(10g/L 胰蛋白胨,5g/L 酵母提取物,10g/L NaCl,用 5mol/L NaOH 调节 pH 至 7.4,

15g/L 琼脂，10.34kPa 高压下蒸汽灭菌 21min）。分别转化（表达载体 pRFP、pRC 和 pPKG）大肠杆菌表达菌株 BL21（DE3）感受态细胞，涂布平板后，37℃过夜培养。

2. 蛋白质的诱导表达

挑取单菌落，利用 3mL 液体培养基培养 3h（37℃）。继续接种 50mL 液体培养基，培养至 $OD_{600}=0.7$（取 1mL 诱导前菌体，5000×g 离心 1min，沉淀置于−20℃备用），加入 IPTG（终浓度 0.5mmol/L）诱导蛋白表达，37℃继续培养 3h（取 1mL 诱导后菌体，5000×g 离心 1min，沉淀置于−20℃备用）。全部培养液离心（5000×g，10min），用无菌水重新悬浮菌体沉淀，离心（5000×g，10min）。菌体置于−80℃低温保存。

3. 蛋白质的分离纯化

细菌裂解液（0.2mol/L NaCl，1mmol/L EDTA，290 μmol/L PMSF，1.5 μmol/L 天冬氨酸蛋白酶抑制剂，0.1mg/mL 溶菌酶，50mmol/L Tris-HCl，pH 8.0；50mL/g 菌体）重悬菌体，置于 4℃处理 1h。冰水浴中，超声波破碎细胞壁，35000×g 离心 1h，取上清液（保留沉淀）。

准备 1mL 填料镍亲和层析柱。以 0.5mL/min 的流速上样层析柱，5mL 洗涤液（0.2mol/L NaCl，1mmol/L EDTA，10mmol/L 咪唑，50mmol/L Tris-HCl，pH 8.0）洗涤柱子，5mL 洗脱液（0.2mol/L NaCl，1mmol/L EDTA，20mmol/L 咪唑，50mmol/L Tris-HCl，pH 8.0）洗脱蛋白质。获得的目的蛋白，于 4℃低温透析 2 次（4h/次）。

4. 蛋白质的分析

荧光蛋白的荧光分析：对透析过的荧光蛋白，分别利用其最大发射波长和激发波长进行扫描，获得其发射光谱和激发光谱。

对荧光蛋白表达、纯化过程中不同时间段的样品（诱导前、诱导后、裂解上清液、裂解后沉淀、洗涤流出液、洗脱蛋白质）进行 SDS-PAGE 电泳，分析荧光蛋白的表达及分离纯化效果。

四、注意事项

（1）准备镍亲和层析柱时，维持层析介质顶部的平整，并垫一层滤纸，滤除大的颗粒。

（2）样品上样至层析柱时，注意流速以 0.5~1.0mL/min 为宜，不要太大，防止结合效率的降低。

（3）洗脱下来的蛋白质，尽快于4℃低温透析，防止咪唑与蛋白质可能存在的相互作用。

（4）在进行荧光发射光谱和激发光谱扫描时，维持样品池的温度一定，利于获得稳定的荧光数据。

思考题

1. 请查阅相关资料，讨论为什么IPTG可以诱导大肠杆菌合成目的蛋白。
2. 请阐述利用镍亲和层析柱纯化目的蛋白的原理。
3. 请阐述荧光分光光度计的测定原理及其注意事项。

教学课件

实验三　小鼠血清清蛋白的分离纯化与纯度鉴定

教学目标

知识目标：掌握血清清蛋白分离纯化的方法。

能力目标：学会用盐析和离子交换柱层析法分离纯化蛋白质，掌握聚丙烯凝胶电泳的原理与操作。

素养目标：培养学生良好的科学素养，团队合作的精神。

一、实验背景

血液的主要作用是运载血细胞，运输维持人体生命活动所需的氧化、营养物质及体内产生的废物等。血浆是结缔组织的细胞间质，血浆是血液的重要组成部分，呈淡黄色液体（包含胆红素）。血浆的化学成分中，水分占90%~92%，其他10%以溶质血浆蛋白为主，包含电解质、营养素、酶类、激素类、胆固醇和其他重要组成部分。

血清清蛋白是血浆中含量最为丰富的蛋白质，约占总量的60%。清蛋白是一种水溶性较强的蛋白质，结构稳定，可与脂肪酸、胆红素、血红素等多种小分子结合，起维持血液渗透压的作用。此外清蛋白还具有解毒、参与脂类代谢及血浆中微溶物质的运输、维持血液酸碱平衡等作用，在医学临床及生物领域应用广泛。

不同蛋白质的相对分子质量、溶解度以及在一定条件下带电情况均有所不同，可根据这些性质的差异，分离及提纯各种蛋白质。本实验拟采用盐析法初步分离清蛋白。盐析是采用大量中性盐将蛋白质从溶液中析出的过程。在高浓度的中性盐影响下，蛋白质分子表面的水化膜被破坏，蛋白质分子所带的电荷被中和，破坏了蛋白质溶胶的稳定因素，使蛋白质沉淀析出。中性盐并不破坏蛋白质的分子结构和性质，除去中性盐或减低盐的浓度后，蛋白质会重新溶解。

在半饱和硫酸铵溶液中，血清清蛋白不沉淀，球蛋白沉淀，经离心后清蛋白主要存在于上清液中。由于血清清蛋白的相对分子质量较硫酸铵大，经盐析初步分离的清蛋白，可采用透析法或凝胶层析法除去硫酸铵。

离子交换层析是一种应用离子交换树脂作支持剂的层析方法。本实验采用的二乙氨乙基（DEAE）-纤维素离子交换剂（中强碱型），可电离基团是 DEAE，适用于蛋白质、核酸、激素、酶等大分子的分离与纯化。在离子交换层析中，蛋白质对离子交换剂的结合力取决于彼此之间带相反电荷基团的静电吸引。这种静电吸引力除了与蛋白质自身所带电荷有关外，还与溶液的 pH、盐离子浓度等有关。因此，蛋白质混合物的分离可通过改变溶液中盐离子浓度与 pH 来完成，与离子交换剂结合力最小的蛋白质将首先从层析柱中洗脱出来。

在本实验中，将去除硫酸铵后的粗清蛋白溶液，加入经 0.02mol/L pH 7.4 乙酸铵缓冲液处理过的二乙氨乙基（DEAE）-纤维素（阴离子交换纤维素）层析柱上。在此 pH 条件下，DEAE-纤维素带正电荷，可吸附带负电荷的清蛋白、α 及 β-球蛋白（血清清蛋白 pI 为 4.9，绝大多数 α 及 β-球蛋白 pI 均小于 6.0，见表1）。随着盐离子浓度的提高，离子交换柱上的 β-球蛋白、α-球蛋白、清蛋白将依次被洗脱。

表 1　　　　　　　　血清中含量较高蛋白质的等电点与分子质量

蛋白质名称	pI	分子质量/u
清蛋白	4.88	69
α1-球蛋白	5.06	200
α2-球蛋白	5.06	300
β-球蛋白	5.12	90~150

聚丙烯酰胺凝胶电泳（PAGE）是最常用的定性分析蛋白质的电泳方法，特别适用于蛋白质纯度检测和测定蛋白质分子质量。电泳迁移率与被分离组分的电荷、形状、大小（分子质量）有关，若被分离组分的电荷、形状相同，则电泳迁移率只与其分子质量有关。在本实验中，采用 SDS-PAGE 鉴定分离纯化的血清清蛋白。当 SDS 与蛋白质形成复合物后，SDS 将破坏蛋白质的二级与三级结构，中和蛋白质自身所带电荷。

因此这种复合物仅保持原有分子大小为特征的负离子团块，从而降低或消除各种蛋白质分子之间天然的电荷差异。因此在进行电泳时，蛋白质分子的迁移速度仅仅取决于分子大小。

二、实验器材和试剂

1. 器材

冷冻离心机，称液器，量筒，胶头滴管，离心管（10mL与1.5mL），pH计或pH试纸，透析袋，磁力搅拌器，棉线，DEAE-纤维素，12cm×1cm层析柱，蠕动泵，自动收集器，铁架台，止血夹，烘箱，蛋白质电泳仪，垂直蛋白质电泳槽，水平摇床等。

2. 试剂

500g/L饱和硫酸铵溶液（pH 4.9），50g/L柠檬酸缓冲液，300g/L Acr-8g/L Bis，Tris-HCl（pH 8.9与pH 6.7），100g/L SDS，100g/L AP，蛋白质电泳缓冲液（Loading Buffer），TEMED。

柠檬酸-Na_2HPO_4缓冲液：NaCl 15.3g，柠檬酸 0.384g，$Na_2HPO_4 \cdot 12H_2O$ 6.508g，调节pH至7.4，定容至200mL。

不连续蛋白质洗脱液：

A洗脱液：0.02mol/L乙酸-乙酸铵缓冲液（pH 7.4）。

B洗脱液：0.1mol/L乙酸-乙酸铵缓冲液（pH 7.4）。

C洗脱液：0.25mol/L乙酸-乙酸铵缓冲液（pH 7.4）。

D洗脱液：0.5mol/L乙酸-乙酸铵缓冲液（pH 7.4）。

电极缓冲液：Tris-Gly（Tris 15.15g，Gly 93.85g，溶解并定容至5000mL，pH 8.3）。

染色液（考马斯亮蓝R250）：考马斯亮蓝R250 0.25g，甲醇225mL，冰乙酸46mL，水230mL。

脱色液：冰乙酸：蒸馏水：甲醇=75：875：50。

三、实验步骤

1. 血清清蛋白的粗分离

（1）收集血清 取5mL小鼠血液，在4℃、3000r/min离心15min，用移液枪吸取血清 1mL 移至 10mL 离心管［另取血清 0.1mL 移至 1.5mL 离心管（留样 1），保存于 4℃冰箱，用于测定蛋白质含量和电泳］。

（2）量取 500g/L 饱和硫酸铵溶液 9mL，用移液管逐滴加入，期间须不断轻轻地摇晃或振荡，混匀后置于 4℃温冰箱静置 2h。

（3）将样品在 4℃、3000r/min 离心 15min，转移上清至一干净的 10mL 离心管［取 0.5mL 上清液至 1.5mL 离心管（留样 2），用于测定蛋白质含量和电泳］。

（4）用 50g/L 柠檬酸缓冲液调节上清液的 pH 至 4.9（清蛋白等电点），量取上清液的体积，计算加入饱和硫酸铵溶液（pH 4.7）的体积（需要加入饱和硫酸铵溶液的体积：pH 调整后上清液总体积的 0.11 倍）。

（5）逐滴加入饱和硫酸铵溶液，边加边轻轻振荡混匀，于 4℃静置 2h。

（6）在 4℃、3000r/min 离心 20min，弃上清，沉淀用柠檬酸-Na_2HPO_4 缓冲液（pH 7.4）0.5mL 溶解［取 0.1mL 蛋白质溶液至 1.5mL 离心管（留样 3），用于测定蛋白质含量和电泳］。

（7）将剩余的 0.4mL 蛋白质溶液转入透析袋中，置于透析液（柠檬酸-Na_2HPO_4 缓冲液，pH 7.4）中，搅拌透析过夜，直至透析液中无 NH_4^+ 存在（透析袋的制备：透析袋中部不能用手触碰，将两端用棉线扎紧）。

（8）透析溶液中 NH_4^+ 检测（奈氏试剂检测） 取 1mL 透析液，加入 1 滴奈氏试剂，混匀，观察，如果出现砖红色沉淀，说明仍有 NH_4^+ 存在，须继续透析。

2. 血清清蛋白的纯化

（1）装柱前准备

①DEAE-纤维素树脂的处理。

②层析柱的检漏：旋紧层析柱一侧的旋盖，加入 ddH_2O，垂直置于水槽上方。检测旋紧旋盖的一侧是否有水流从管中流出，以及旋口处是否拧紧，是否有水溢出；检测层析柱通畅不溢液后，对层析柱另一侧进行相同的检测。

（2）装柱 将层析柱固定于铁架台，保持垂直状态。将处理好的 DEAE-纤维素树脂装入柱内，至 8~10cm 高度，平衡过夜（装柱时应注意树脂均匀，柱内无气泡，凝胶床要平整）。

（3）蠕动泵、自动收集器及核酸蛋白监测仪等仪器操作的学习及熟练使用（第

1天)。

(4) 蛋白质上样前的准备　准备60~100支干净试管，置于自动收集器上；柱层析洗脱液经核酸蛋白监测仪监视，调节流速为1mL/min，蛋白质检测仪调零。

(5) 血清粗蛋白的上样

①打开层析柱上方的旋盖，将柱床上方的溶液用胶头滴管吸出（或打开层析柱下方流出液处的止水夹，将柱床上方的溶液流出），与柱床界面持平；再次旋紧层析柱下方的止水夹。

②将透析袋剪开，用移液管将血清清蛋白粗提液转至层析柱凝胶面上，旋松层析柱下方的止水夹，释放流出液；待样品完全进入凝胶后旋紧止水夹，再补充少量缓冲液于层析柱上方，保持层析系统的通畅。

(6) 血清粗蛋白的柱层析纯化

①采用连续梯度洗脱液进行洗脱：将0.02mol/L乙酸-乙酸铵缓冲液（pH 7.4，A洗脱液）与0.5mol/L乙酸-乙酸铵缓冲液（pH 7.4，D洗脱液）分别转入梯度混合仪2个存液筒中，确保从D液筒流向A液筒；启动梯度混合仪，产生0.02~0.5mol/L乙酸-乙酸连续梯度洗脱液；启动整个层析系统，对清蛋白粗提液进行纯化。

抑或采用不连续梯度洗脱液进行洗脱：分别配制0.02mol/L乙酸-乙酸铵缓冲液（pH 7.4，A洗脱液）、0.1mol/L乙酸-乙酸铵缓冲液（pH 7.4，B洗脱液）、0.25mol/L乙酸-乙酸铵缓冲液（pH 7.4，C洗脱液）、0.5mol/L乙酸-乙酸铵缓冲液（pH 7.4，D洗脱液）。

②将层析柱的进样管接上恒流泵，用不同浓度的洗脱液进行洗脱，收集峰值管（对于不连续梯度洗脱，待出现峰值后，更换更高浓度的洗脱液依次洗脱）；记录A_{280}值，以及出现峰值的管号；保存纯化后的峰值管蛋白质样品。

3. 血清清蛋白的纯度测定（SDS-PAGE电泳）

(1) 垂直电泳板的清洗、装入制胶槽以及检漏。

(2) SDS-PAGE凝胶的制备

①参照表2配方，制备SDS-PAGE凝胶的分离胶与浓缩胶。若制胶槽规格不同，可适当增加或减少分离胶与浓缩胶配制的体积。

表2　　　　　　　　　　SDS-PAGE凝胶的分离胶与浓缩胶配方

编号	试剂名称	分离胶	浓缩胶
1	300g/L Acr-Bis	2.0mL	0.33mL
2	Tris-HCl（pH 8.9）	1.25mL	—
3	Tris-HCl（pH 6.7）	—	0.63mL
4	100g/L SDS	100μL	25μL
5	TEMED	2.5μL	2.5μL
6	100g/L AP	50μL	12.5μL
7	ddH$_2$O	1.65mL	1.50mL
总体积		约5mL	约2.5mL

②先制备分离胶，将凝胶溶液倒入制胶槽后，加入ddH$_2$O封于分离胶的上方，保证分离胶面的平整。

③等分离胶凝固成线后，弃掉ddH$_2$O；向制胶槽中加入配制好的浓缩胶，插入梳孔，待浓缩胶凝固备用。

（3）血清清蛋白的上样与电泳前的准备

①血清清蛋白上样前的样品准备：向标准蛋白质（蛋白质Marker，Marker中须包含清蛋白条带），以及待测样品中按比例加入上样缓冲液（Loading Buffer），充分混匀后加盖（但不要密闭），置于沸水中水浴3min，取出冷却至室温，备用。

②血清清蛋白上样前的电泳槽准备：拔出胶槽中的梳孔，将制胶槽转入电泳槽；向电泳槽的矮板一侧加入电极缓冲液，并没过矮板；电泳槽高板一侧的电极缓冲液加入量约为高板一半的高度。

③血清清蛋白的上样：用移液器或针孔注射器，将血清清蛋白的粗分离样品以及纯化样品分别加入上样孔中，上样体积约为20μL。

（4）血清清蛋白的电泳

正确接入电泳仪的负极与正极，以恒压80V开始电泳，待样品进入分离胶后调整至100V电泳。

（5）凝胶染色

待Loading Buffer中的蓝色物质完全泳出凝胶后，将电泳仪暂停，拔下电泳仪的正负极拉头。取出制胶槽与制胶板，剥出 PAGE 凝胶，切除浓缩胶，并做好标记，将凝胶转入 15~20cm 直径培养皿。倒入考马斯亮蓝 R250 染色液，置于染色摇床染色 4h 或过夜。

（6）脱色

回收染色液后，将凝胶先用蒸馏水冲洗，脱色液脱色 2~6h 后，观察血清清蛋白的分离与纯化情况。

四、注意事项

（1）整个操作过程，层析柱须垂直。

（2）装柱时注意防止液面低于交换树脂平面以及气泡的产生。

（3）加样时不能使树脂平面破坏。

（4）洗脱时流速要尽可能保持恒定。

（5）制备 SDS-PAGE 凝胶前，须注意矮板朝向胶槽内侧，高板朝向胶槽外侧。

1. 如何确定柱层析前蛋白质样品中盐离子已去除完全？
2. 在柱层析过程中如何确保层析柱不发生干裂？
3. 为什么不是 PAGE，而是 SDS-PAGE 可用于判定蛋白质的分子质量？

教学课件

实验四　细胞色素 C 的分离纯化与纯度鉴定

教学目标

知识目标：熟悉细胞色素 C 的分离纯化及纯度鉴定的原理。

能力目标：掌握细胞色素 C 分离纯化及纯度鉴定的操作步骤及实验注意事项。

素养目标：培养学生的社会责任感，严谨求实的科学态度，团结合作精神。

一、实验背景

细胞色素 C 是呼吸链的重要组成部分，是一种稳定的可溶性蛋白质，它易溶于水，在酸性溶液中溶解度更大，故常用酸性溶液提取。细胞色素 C 在心肌和酵母中含量较高，故常以此为材料提取细胞色素 C。每个细胞色素 C 分子含有一个血红素和一条多肽链，分子质量为 12~13u，赖氨酸含量较高。等电点为 10.7。还原型细胞色素 C 水溶液，在波长 520nm 处有最大吸收值。细胞色素 C 与内膜结合较疏松，较易于提取。

本实验以新鲜猪心为材料，经过酸溶液提取、人造沸石吸附、硫酸铵盐析及三氯乙酸沉淀等步骤得到细胞色素 C 粗制品。将得到的细胞色素 C 粗制品进行离子交换层析纯化。由于细胞色素 C 的等电点偏碱，故常用弱酸性阳离子交换树脂进行纯化，再用盐溶液将其洗脱，从而得到高纯度的细胞色素 C。

SDS-PAGE 是最常用的定性分析蛋白质纯度的电泳方法，特别是用于测定蛋白质分子质量。因此本实验用 SDS-PAGE 对纯化的细胞色素 C 进行纯度鉴定。

二、实验器材和试剂

1. 器材

分光光度计，分析天平，恒温水浴锅，组织匀浆机，抽滤器，离心机，层析系统。

新鲜猪心。

2. 试剂

1mol/L 硫酸溶液，2mol/L 氢氧化铵溶液，人造沸石（$Na_2O \cdot Al_2O_3 \cdot xSiO_2 \cdot yH_2O$），2g/L 氯化钠溶液，250g/L 硫酸铵溶液，200g/L 三氯乙酸，Amberlite IRC-50 树脂或 D-85 大孔树脂，2mol/L 盐酸溶液，0.06mol/L Na_2HPO_4+0.4mol/L NaCl 溶液，细胞色素 C 标准品，SDS-PAGE 试剂。

奈氏（Ness）试剂：取 35.0g 碘化钾和 1.3g 氯化汞溶解于 70mL 水中，然后加入 30mL 4mol/L 氢氧化钾溶液，过滤，保存于密闭玻璃瓶。

三、实验步骤

1. 细胞色素 C 的提取

取新鲜的猪心，除去脂肪酸和结缔组织，用蒸馏水洗净，切成小块，用组织匀浆机搅碎。

称取 150g 匀浆，加 200mL 蒸馏水，用 2mol/L 硫酸调节 pH 至 4.0，室温下搅拌 1.5~2h。四层尼龙纱布抽滤，收集滤液。

2. 吸附

用 2mol/L 氢氧化铵将滤液调节 pH 至 6.0，加 20g 人造沸石，搅拌吸附 1h，离心（4000r/min，5min）除去上清液。用蒸馏水（150+150）mL 搅拌洗涤，再用（100+100）mL 2g/L 氯化钠搅拌洗涤，离心除去上清液。最后用 50mL 250g/L 硫酸铵进行搅拌洗脱，离心，收集细胞色素 C 的红色洗脱液。

3. 盐析

在洗脱液中按每 100mL 洗脱液加入 25g 固体硫酸铵，边加边搅拌，放置 30min，4000r/min 离心 10min，则去除杂蛋白沉淀，得到红色透明的细胞色素 C 溶液。

4. 三氯乙酸沉淀

在搅拌下，向细胞色素 C 溶液中缓慢滴加 200g/L 三氯乙酸（5mL 200g/L 三氯乙酸/100mL 细胞色素 C 溶液），褐色絮状沉淀不断析出，立即 6000r/min 离心 10min，倾去上清液，收集沉淀，加入 2mL 蒸馏水，用玻璃棒搅动使沉淀溶解。

5. 透析

将上述细胞色素C溶液装入透析袋，进行透析脱盐，用奈式试剂检查透析外液有无铵离子。此透析袋内溶液即为细胞色素C粗品。

6. 细胞色素C的纯化

（1）树脂的处理　用蒸馏水浸泡过夜，用4倍体积2mol/L NH_4OH 搅拌2h，水洗至中性，用4倍体积2mol/L 盐酸搅拌2h，水洗至中性，再用4倍体积2mol/L NH_4OH 搅拌2h，水洗至中性。

（2）装柱　柱高约18cm，平衡。

（3）加样　流速为1mL/min。

（4）洗脱　蒸馏水冲洗20~30mL后，改用0.06mol/L Na_2HPO_4 及0.4mol/L 氯化钠洗脱，收集红色洗脱液即为细胞色素C纯品。

7. 细胞色素C含量测定

标准曲线：取6支试管，分别取标准溶液（1mg/mL）0、1、2、3、3.5、4.0mL，每管补加蒸馏水至4mL，加少许连二亚硫酸钠（5~8mg）作还原剂，测520nm处各管的吸收值。

同样条件测定样品管的吸收值，计算样品的细胞色素C含量。

8. 细胞色素C纯度鉴定

采用SDS-PAGE法。

四、注意事项

（1）三氯乙酸沉淀步骤中，沉淀析出后须立即离心并倾去上清液。

（2）盐析和离子交换柱层析之间都需有除盐的过程。

1. 采用SDS-PAGE法鉴定蛋白质纯度的优缺点分别是什么？
2. 三氯乙酸沉淀步骤，在沉淀析出后为什么要立即离心并倾去上清液？

第四章 综合性实验

教学课件

实验五　乳酸脱氢酶（LDH）同工酶的分离纯化

教学目标

知识目标：熟悉 LDH 分离纯化的原理与方法。

能力目标：掌握用盐析和离子交换柱层析法分离纯化乳酸脱氢酶（LDH），以及聚丙烯凝胶电泳的原理与操作。

素养目标：培养学生良好的科学素养、团队合作能力，关注社会发展。

一、实验背景

乳酸脱氢酶（LDH）及乳酸脱氢酶可逆催化反应方程式如第三章实验一的"实验背景"所述。

在原核生物中，LDH 由两个亚基构成，且进化出 iLDH（不以 NAD^+ 为辅酶的 LDH）和 FDP 激活的 LDH 两种同工酶形式。在脊椎动物体内，LDH 包含三种亚基组分，分别为 M 亚基、H 亚基及 C 亚基。真核生物的 LDH 主要是由 M 亚基与 H 亚基构成的四聚体组成。由于组成的亚基及数量不同，脊椎动物体内 LDH 存在多种同工酶，分别是 LDH_1（H_4）、LDH_2（H_3M）、LDH_3（H_2M_2）、LDH_4（HM_3）及 LDH_5（M_4）。$LDH_{1\sim5}$ 的 pI 大小顺序分别为 $LDH_1 < LDH_2 < LDH_3 < LDH_4 < LDH_5$。

乳酸脱氢酶广泛存在于微生物、动植物细胞内，并具有组织器官特异性。其中，LDH_1、LDH_2 主要存在于心脏中，促进丙酮酸的生成，并进入三羧酸循环，为心肌提供能量；LDH_4、LDH_5 在厌氧的环境下，催化丙酮酸向乳酸的转化，完成糖酵解的过程，为机体在缺氧条件下提供必要的能量，主要存在于肝脏与骨骼肌中；LDH_3 是淋巴组织中同工酶的主要组成部分。如图 1 所示。

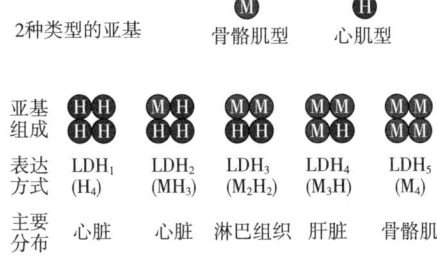

图 1　脊椎动物体内乳酸脱氢酶的主要组成及分布

在性成熟的雄性动物体内还存在另一种同工酶形式 LDH-X，主要由 C 基因编码。LDH-X 在初级精母细胞的粗线期被激活，在生精过程中逐渐被积累，直到精子成熟。

到目前为止，多种生物的乳酸脱氢酶都已经被纯化出来，且已构建出针对 LDH 纯化的亲和层析柱。交联葡聚糖凝胶（Sephadex gel）是具有多孔性三度空间网状结构的高分子化合物，是以交联葡聚糖为基质的弱阴离子交换剂，葡聚糖离子交换剂是将功能基团通过醚键偶联到交联葡聚糖上。根据配基基团不同分为二乙氨乙基（DEAE）、季胺乙基（QAE）和羧甲基（CM）三种；分别包括两种不同的孔径：A-25/C-25 和 A-50/C-50。

LDH 酶活性染色：将凝胶浸泡在活性染色液中，LDH 与底物发生反应，用甲硫吩嗪（PMS）作为电子的中间载体，氯化硝基四氮唑蓝（NBT）作为最终电子受体，底物脱下的氢最后传递给 NBT；NBT 被还原后，产生蓝紫色不溶于水的 $NBTH_2$，从而对 LDH 定位。LDH 酶活染色反应式如下：

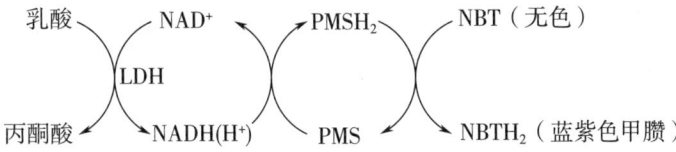

本实验采用（QAE）强碱型离子交换剂（QAE-Sephadex A-50）分离不同形式的 LDH 同工酶。在特定的 pH 条件下，由于 LDH 同工酶所带电荷不同，与离子交换树脂的亲和力也不同，通过改变洗脱液的离子强度可分别洗脱而达到分离 LDH 同工酶的目的。分离后的 LDH 同工酶，可采用活性染色的方法鉴定其含量或活性。

二、实验器材和试剂

1. 器材

冷冻离心机，称液器，量筒，胶头滴管，离心管（10mL 与 1.5mL），pH 计或 pH 试纸，透析袋，磁力搅拌器，离子交换树脂 QAE-Sephadex A-50，12cm×1cm 层析柱，蠕动泵，自动收集器，铁架台，止血夹，烘箱，蛋白质电泳仪，垂直蛋白质电泳槽，水平摇床等。

2. 试剂

（1）20mmol/L Tris-HCl 缓冲液（pH 7.4）。

（2）洗脱液

A 液：20mmol/L Tris-HCl 缓冲液（pH 6.3）。

B 液：20mmol/L Tris-HCl+60mmol/L NaCl 缓冲液（pH 6.3）。

C 液：20mmol/L Tris-HCl+100mmol/L NaCl 缓冲液（pH 6.3）。

D 液：20mmol/L Tris-HCl+150mmol/L NaCl 缓冲液（pH 6.3）。

E 液：A 液添加 240mmol/L NaCl 缓冲液（pH 6.3）。

（3）显色剂混合液（临用前配制）

①5mg/mL 氧化型辅酶Ⅰ（NAD^+）：0.25g NAD^+ 溶于 50mL ddH_2O。

②3mg/mL 硝基四氮唑兰（NBT）：0.15g NBT 溶于 50mL ddH_2O。

③1mg/mL 吩嗪甲酯硫酸盐（PMS）：0.05g PMS 溶于 50mL ddH_2O。

④0.5mol/L Tris-HCl 溶液：pH 7.6，含 1mmol/L EDTA。

⑤0.5mol/L 乳酸钠：9.25mL 600g/L 乳酸钠母液溶于 50mL ddH_2O。

⑥0.1mmol/L NaCl：2.93g NaCl 溶于 500mL ddH_2O。

三、实验步骤

1. LDH 同工酶粗提液的制备及层析纯化

（1）装柱前准备（QAE-Sephadex A-50 树脂的预处理）　取 1.0g QAE-Sephadex A-50 于烧杯中加入 100mL A 液摇匀，置室温过夜，倾去微细颗粒再以 A 液平衡数次，即可装柱。

(2) 样品处理　1g 小鼠组织（心脏、肝脏、肾脏等）切碎，加 20mmol/L Tris-HCl 缓冲液（pH 7.4）10mL，匀浆，置于 4℃、10000×g 条件下离心 10min，上清液可直接用于上柱。

(3) 装柱

①如本章实验二所述，先将层析柱进行检漏处理。

②将层析柱固定，保持垂直位。

③关上止水夹，加入少量洗脱液（1/5~1/4 柱长）。

④开始装柱前打开止水夹，将浸胀的 QAE-Sephadex A-50 装入柱内，洗脱液面下降后随时补充，至 10cm 高度（注：不要让悬浮界面和沉积界面完全重合；不要让层析柱干燥；凝胶内不得有气泡；凝胶表面平整）。

⑤将恒流泵与层析柱连接，并用 20mmol/L Tris-HCl 缓冲液（pH 7.4）加在柱床上面，控制流速，使流速约为 1mL/min。

⑥连接核酸蛋白质监测仪、部分收集器和记录仪；调节核酸蛋白质监测仪的 T0 与 T100，使用读数稳定，或调节 A_{280} 为 0.0。

(4) 加样

①旋松层析柱下端止水夹，柱内液面与树脂平面相平，但勿使树脂露出液面，夹紧止水夹。

②将样品粗提液 0.3mL 加在凝胶面上，待样品进入凝胶后再加入少量缓冲液，使样品完全进入胶内，然后用滴管在柱面上补加 1~2cm 高度的洗脱液。

(5) 洗脱　将层析柱的进样管接上恒流泵，用不同浓度的洗脱液（A 液至 E 液）进行洗脱，收集峰值管（先采用低浓度的洗脱液进行洗脱，等出现峰值后，更换更高浓度的洗脱液依次洗脱）；记录 A_{280} 值，以及出现峰值的管号；并保存纯化后的峰值管蛋白质样品。

2. LDH 同工酶的纯度测定（PAGE 电泳）

(1) 垂直电泳板的清洗、装入制胶槽以及检漏。

(2) PAGE 凝胶的制备

①参照表 1 配方，制备 PAGE 凝胶的分离胶与浓缩胶。若制胶槽规格不同，可适当增加或减少分离胶与浓缩胶配制的体积。

表1　　　　　　　　　　　　　　PAGE凝胶的分离胶配方

编号	试剂名称	分离胶
1	300g/L Acr-Bis	4.0mL
2	Tris-HCl（pH 8.9）	2.5mL
3	TEMED	5.0μL
4	100g/L AP	100μL
5	ddH$_2$O	3.30mL
总体积		约10mL

②配制好PAGE凝胶后，将凝胶溶液倒入制胶槽，插入梳孔，待浓缩胶凝固备用。

（3）LDH粗提液及纯化样品的上样与电泳前的准备

①上样前的样品准备：向标准蛋白质（蛋白质Marker），以及待测样品中按比例加入上样缓冲液（Loading Buffer，不含SDS溶液），充分混匀。

②上样前的电泳槽准备：拔出胶槽中的梳孔，将制胶槽转入电泳槽；向电泳槽的矮板一侧加入电极缓冲液，没过矮板；电泳槽高板一侧的电极缓冲液加入量约为高板一半的高度。

③LDH粗提液及纯化样品的上样：用移液器，或针孔注射器，将血清清蛋白的粗分离样品以及纯化样品分别加入上样孔中，上样体积约为20μL。

（4）电泳　正确接入电泳仪的负极与正极，以恒压100V开始电泳。

（5）凝胶染色　待Loading Buffer中的染料完全泳出凝胶后，将电泳仪暂停，拔下电泳仪的正负极拉头。取出制胶槽与制胶板，剥出PAGE凝胶，并做好标记，将凝胶转入15~20cm直径培养皿。加入LDH酶活显色剂混合液，置于染色摇床染色30min后观察。

四、注意事项

（1）整个操作过程，层析柱须垂直。

（2）装柱时注意防止液面低于交换树脂平面以及气泡的产生。

（3）加样时不能使树脂平面破坏。

（4）洗脱时流速应尽可能保持恒定。

思考题

1. 为什么在临床上要检测血清中的乳酸脱氢酶同工酶?
2. 在进行 PAGE 电泳时,为什么只需要制备分离胶?

教学课件

附　录

附录一　常用缓冲溶液的配制方法

1. 甘氨酸-盐酸缓冲液（0.05mol/L）

XmL 0.2mol/L $C_2H_5NO_2$ + YmL 0.2mol/L HCl，加水稀释至200mL。

pH	X/mL	Y/mL	pH	X/mL	Y/mL
2.2	50	44.0	3.0	50	11.4
2.4	50	32.4	3.2	50	8.2
2.6	50	24.2	3.4	50	6.4
2.8	50	16.8	3.6	50	5.0

注：$C_2H_5NO_2$ 相对分子质量75.07，0.2mol/L溶液含15.01g/L。

2. 邻苯二甲酸-盐酸缓冲液（0.05mol/L）

XmL 0.2mol/L $C_8H_5O_4K$ + YmL 0.2mol/L HCl，加水稀释至20mL。

pH（20℃）	X/mL	Y/mL	pH（20℃）	X/mL	Y/mL
2.2	5	4.670	3.2	5	1.470
2.4	5	3.960	3.4	5	0.990
2.6	5	3.295	3.6	5	0.597
2.8	5	2.642	3.8	5	0.263
3	5	2.032			

注：$C_8H_5O_4K$ 相对分子质量204.23，0.2mol/L溶液含40.85g/L。

3. 磷酸氢二钠-柠檬酸缓冲液

pH（18℃）	0.2mol/L Na_2HPO_4/mL	0.1mol/L $C_6H_8O_7 \cdot H_2O$/mL	pH（18℃）	0.2mol/L Na_2HPO_4/mL	0.1mol/L $C_6H_8O_7 \cdot H_2O$/mL
2.2	0.40	19.60	2.4	1.24	18.76

续表

pH (18℃)	0.2mol/L Na$_2$HPO$_4$/mL	0.1mol/L C$_6$H$_8$O$_7$·H$_2$O/mL	pH (18℃)	0.2mol/L Na$_2$HPO$_4$/mL	0.1mol/L C$_6$H$_8$O$_7$·H$_2$O/mL
2.6	2.18	17.82	5.4	11.15	8.85
2.8	3.17	16.83	5.6	11.60	8.40
3.0	4.11	15.89	5.8	12.09	7.91
3.2	4.94	15.06	6.0	12.63	7.37
3.4	5.70	14.30	6.2	13.22	6.78
3.6	6.44	13.56	6.4	13.85	6.15
3.8	7.10	12.90	6.6	14.55	5.45
4.0	7.71	12.29	6.8	15.45	4.55
4.2	8.28	11.72	7.0	16.47	3.53
4.4	8.82	11.18	7.2	17.39	2.61
4.6	9.35	10.65	7.4	18.17	1.83
4.8	9.86	10.14	7.6	18.73	1.27
5.0	10.30	9.70	7.8	19.15	0.85
5.2	10.72	9.28	8.0	19.45	0.55

注：Na$_2$HPO$_4$ 相对分子质量 141.98，0.2mol/L 溶液含 28.40g/L。

Na$_2$HPO$_4$·2H$_2$O 相对分子质量 178.05，0.2mol/L 溶液含 35.01g/L。

C$_6$H$_8$O$_7$·H$_2$O 相对分子质量 210.14，0.1mol/L 溶液含 21.01g/L。

4. 柠檬酸-氢氧化钠-盐酸缓冲液

pH	钠离子浓度/(mol/L)	C$_6$H$_8$O$_7$·H$_2$O /g	97% NaOH /g	浓 HCl /mL	最终体积/L*
2.2	0.20	210	84	160	10
3.1	0.20	210	83	116	10
3.3	0.20	210	83	106	10
4.3	0.20	210	83	45	10
5.3	0.35	245	144	68	10

续表

pH	钠离子浓度/(mol/L)	$C_6H_8O_7 \cdot H_2O$/g	97% NaOH/g	浓 HCl/mL	最终体积/L*
5.8	0.45	285	186	105	10
6.5	0.38	266	156	126	10

注：*使用时可以每升中加入1g酚，若最后pH有变化，再用少量500g/L NaOH溶液或浓HCl调节，冰箱保存。

5. 柠檬酸-柠檬酸钠缓冲液（0.1mol/L）

pH	0.1mol/L $C_6H_8O_7 \cdot H_2O$/mL	0.1mol/L $C_6H_5Na_3O_7 \cdot 2H_2O$/mL	pH	0.1mol/L $C_6H_8O_7 \cdot H_2O$/mL	0.1mol/L $C_6H_5Na_3O_7 \cdot 2H_2O$/mL
3.0	18.6	1.4	5.0	8.2	11.8
3.2	17.2	2.8	5.2	7.3	12.7
3.4	16.0	4.0	5.4	6.4	13.6
3.6	14.9	5.1	5.6	5.5	14.5
3.8	14.0	6.0	5.8	4.7	15.3
4.0	13.1	6.9	6.0	3.8	16.2
4.2	12.3	7.7	6.2	2.8	17.2
4.4	11.4	8.6	6.4	2.0	18.0
4.6	10.3	9.7	6.6	1.4	18.6
4.8	9.2	10.8			

注：$C_6H_8O_7 \cdot H_2O$ 相对分子质量210.14，0.1mol/L溶液含21.01g/L。

$C_6H_5Na_3O_7 \cdot 2H_2O$ 相对分子质量294.12，0.1mol/L溶液含29.41g/L。

6. 乙酸-乙酸钠缓冲液（0.2mol/L）

pH（18℃）	0.2mol/L NaAc/mL	0.2mol/L HAc/mL	pH（18℃）	0.2mol/L NaAc/mL	0.2mol/L HAc/mL
2.6	0.75	9.25	4.8	5.90	4.10
3.8	1.20	8.80	5.0	7.00	3.00
4.0	1.80	8.20	5.2	7.90	2.10

续表

pH (18℃)	0.2mol/L NaAc/mL	0.2mol/L HAc/mL	pH (18℃)	0.2mol/L NaAc/mL	0.2mol/L HAc/mL
4.2	2.65	7.35	5.4	8.60	1.40
4.4	3.70	6.30	5.6	9.10	0.90
4.6	4.90	5.10	5.8	9.40	0.60

注：NaAc·$3H_2O$ 相对分子质量 136.09，0.2mol/L 溶液含 27.22g/L。

7. 磷酸盐缓冲液

（1）磷酸氢二钠-磷酸二氢钠缓冲液（0.2mol/L）

pH	0.2mol/L Na_2HPO_4/mL	0.2mol/L NaH_2PO_4/mL	pH	0.2mol/L Na_2HPO_4/mL	0.2mol/L NaH_2PO_4/mL
5.8	8.0	92.0	7.0	61.0	39.0
5.9	10.0	90.0	7.1	67.0	33.0
6.0	12.3	87.7	7.2	72.0	28.0
6.1	15.0	85.0	7.3	77.0	23.0
6.2	18.5	81.5	7.4	81.0	19.0
6.3	22.5	77.5	7.5	84.0	16.0
6.4	26.5	73.5	7.6	87.0	13.0
6.5	31.5	68.5	7.7	89.5	10.5
6.6	37.5	62.5	7.8	91.5	8.5
6.7	43.5	56.5	7.9	93.0	7.0
6.8	49.0	51.0	8.0	94.7	5.3
6.9	55.0	45.0			

注：Na_2HPO_4·$2H_2O$ 相对分子质量 178.05，0.2mol/L 溶液含 35.61g/L。

NaH_2PO_4·$2H_2O$ 相对分子质量 156.03，0.2mol/L 溶液含 31.21g/L。

(2) 磷酸氢二钠-磷酸二氢钾缓冲液（1/15mol/L）

pH	1/15mol/L Na$_2$HPO$_4$/mL	1/15mol/L KH$_2$PO$_4$/mL	pH	1/15mol/L Na$_2$HPO$_4$/mL	1/15mol/L KH$_2$PO$_4$/mL
4.92	0.10	9.90	7.17	7.00	3.00
5.29	0.50	9.50	7.38	8.00	2.00
5.91	1.00	9.00	7.73	9.00	1.00
6.24	2.00	8.00	8.04	9.50	0.50
6.47	3.00	7.00	8.34	9.75	0.25
6.64	4.00	6.00	8.67	9.90	0.10
6.81	5.00	5.00	8.18	10.00	0
6.98	6.00	4.00			

注：Na$_2$HPO$_4$·2H$_2$O 相对分子质量 178.05，1/15mol/L 溶液含 11.87g/L。

KH$_2$PO$_4$ 相对分子质量 136.09，1/15mol/L 溶液含 9.07g/L。

8. 磷酸二氢钾-氢氧化钠缓冲液（0.05mol/L）

XmL 0.2mol/L KH$_2$PO$_4$ + YmL 0.2mol/L NaOH，加水稀释至 29mL。

pH（20℃）	X/mL	Y/mL	pH（20℃）	X/mL	Y/mL
5.8	5	0.372	7.0	5	2.963
6.0	5	0.570	7.2	5	3.500
6.2	5	0.860	7.4	5	3.950
6.4	5	1.260	7.6	5	4.280
6.6	5	1.780	7.8	5	4.520
6.8	5	2.365	8.0	5	4.680

注：KH$_2$PO$_4$ 相对分子质量 136.09，0.2mol/L 溶液含 27.22g/L。

NaOH 相对分子质量 40.00，0.2mol/L 溶液含 8.00g/L。

9. 巴比妥钠-盐酸缓冲液

pH（18℃）	0.04mol/L 巴比妥钠溶液/mL	0.2mol/L HCl/mL	pH（18℃）	0.04mol/L 巴比妥钠溶液/mL	0.2mol/L HCl/mL
6.8	100	18.4	7.0	100	17.8

续表

pH（18℃）	0.04mol/L 巴比妥钠溶液/mL	0.2mol/L HCl/mL	pH（18℃）	0.04mol/L 巴比妥钠溶液/mL	0.2mol/L HCl/mL
7.2	100	16.7	8.6	100	3.82
7.4	100	15.3	8.8	100	2.52
7.6	100	13.4	9.0	100	1.65
7.8	100	11.47	9.2	100	1.13
8.0	100	9.39	9.4	100	0.70
8.2	100	7.21	9.6	100	0.35
8.4	100	5.21		100	

注：巴比妥钠盐相对分子质量206.18，0.04mol/L溶液含8.25g/L。

10. Tris-盐酸缓冲液（0.05mol/L）

50mL 0.1mol/L $C_4H_{11}NO_3$（Tris）溶液与 XmL 0.1mol/L HCl 混匀后，加水稀释至100mL。

pH（25℃）	X/mL	pH（25℃）	X/mL
7.10	45.7	8.10	26.2
7.20	44.7	8.20	22.9
7.30	43.4	8.30	19.9
7.40	42.0	8.40	17.2
7.50	40.3	8.50	14.7
7.60	38.5	8.60	12.4
7.70	36.6	8.70	10.3
7.80	34.5	8.80	8.5
7.90	32.0	8.90	7.0
8.00	29.2		

注：$C_4H_{11}NO_3$（Tris）相对分子质量121.14，0.1mol/L溶液含12.114g/L。

$C_4H_{11}NO_3$（Tris）溶液可从空气中吸收 CO_2，使用时注意将瓶盖盖严。

11. 硼酸-硼砂缓冲液（0.2mol/L 硼酸根）

pH	0.05mol/L Na$_2$B$_4$O$_7$·10H$_2$O/mL	0.2mol/L H$_3$BO$_3$/mL	pH	0.05mol/L Na$_2$B$_4$O$_7$·10H$_2$O/mL	0.2mol/L H$_3$BO$_3$/mL
7.4	1.0	9.0	8.2	3.5	6.5
7.6	1.5	8.5	8.4	4.5	5.5
7.8	2.0	8.0	8.7	6.0	4.0
8.0	3.0	7.0	9.0	8.0	2.0

注：Na$_2$B$_4$O$_7$·10H$_2$O 相对分子质量 381.43，0.05mol/L 溶液（0.2mol/L 硼酸根）含 19.07g/L。

H$_3$BO$_3$ 相对分子质量 61.84，0.2mol/L 溶液含 12.37g/L。

硼砂易失去结晶水，必须在带塞的瓶中保存。

12. 甘氨酸-氢氧化钠缓冲液（0.05mol/L）

XmL 0.2mol/L C$_2$H$_5$NO$_2$ + YmL 0.2mol/L NaOH，加水稀释至 200mL。

pH	X/mL	Y/mL	pH	X/mL	Y/mL
8.6	50	4.0	9.6	50	22.4
8.8	50	6.0	9.8	50	27.2
9.0	50	8.8	10.0	50	32.0
9.2	50	12.0	10.4	50	38.6
9.4	50	16.8	10.6	50	45.5

注：C$_2$H$_5$NO$_2$ 相对分子质量 75.07，0.2mol/L 溶液含 15.01g/L。

13. 硼砂-氢氧化钠缓冲液（0.05mol/L 硼酸根）

XmL 0.05mol/L Na$_2$B$_4$O$_7$·10H$_2$O + YmL 0.2mol/L NaOH，加水稀释至 200mL

pH	X/mL	Y/mL	pH	X/mL	Y/mL
9.3	50	6.0	9.8	50	34.0
9.4	50	11.0	10.0	50	43.0
9.6	50	23.0	10.1	50	46.0

注：Na$_2$B$_4$O$_7$·10H$_2$O 相对分子质量 381.43，0.05mol/L 溶液含 19.07g/L。

14. 碳酸钠-碳酸氢钠缓冲液（0.1mol/L）

Ca^{2+}、Mg^{2+}存在时不得使用。

pH		0.1mol/L Na_2CO_3 /mL	0.1mol/L $NaHCO_3$ /mL
20℃	37℃		
9.16	8.77	1	9
9.40	9.12	2	8
9.51	9.40	3	7
9.78	9.50	4	6
9.90	9.72	5	5
10.14	9.90	6	4
10.28	10.08	7	3
10.53	10.28	8	2
10.83	10.57	9	1

注：$Na_2CO_3 \cdot 10H_2O$ 相对分子质量286.2，0.1mol/L 溶液含 28.62g/L。

$NaHCO_3$ 相对分子质量 84.0，0.1mol/L 溶液含 8.40g/L。

15. 磷酸盐（PBS）缓冲液

试剂 \ pH	7.6	7.4	7.2	7.0
H_2O/mL	1000	1000	1000	100
NaCl/g	8.5	8.5	8.5	8.5
Na_2HPO_4/g	2.2	2.2	2.2	2.2
NaH_2PO_4/g	0.1	0.2	0.3	0.4

附录二 常用蛋白质相对分子质量（Mr）标准参照物

高分子质量标准参照		中分子质量标准参照		低分子质量标准参照	
蛋白质	相对分子质量（Mr）	蛋白质	相对分子质量（Mr）	蛋白质	相对分子质量（Mr）
肌球蛋白	212000	磷酸化酶 B	97400	碳酸酐酶	31000
β-半乳糖苷酶	116000	牛血清清蛋白	66200	大豆胰蛋白酶制剂	21500
磷酸化酶 B	97400	谷氨酸脱氢酶	55000	马心肌球蛋白	16900
牛血清清蛋白	66200	卵清蛋白	42700	溶菌酶	14400
过氧化氢酶	57000	醛缩酶	40000	肌球蛋白（F1）	8100
醛缩酶	40000	碳酸酐酶	31000	肌球蛋白（F2）	6200
		大豆胰蛋白酶抑制剂	21500	肌球蛋白（F3）	2500
		溶菌酶	14400		

附录三 实验室常用酸碱溶液的密度和浓度

名称	分子式	相对分子质量	密度/(g/cm³)	质量百分比浓度/%（质量分数）	物质的量浓度/(mol/L)	配制1L 1mol/L溶液所需体积/mL
盐酸	HCl	36.5	1.19	37.2	11.6	86.2
硫酸	H_2SO_4	98.09	1.84	96.0	18.0	55.6
硝酸	HNO_3	63.02	1.42	71.0	16.0	62.5
冰乙酸	CH_3COOH	60.05	1.05	99.5	17.4	57.5
乙酸	CH_3COOH	60.05	1.045	36.0	6.27	159.5
磷酸	H_3PO_4	98.0	1.71	85.0	14.7	67.8
高氯酸	$HClO_4$	100.5	1.67	70.0	11.65	85.8
氨水	NH_4OH	35.0	0.90	28.0	14.8	67.6
氢氧化钾	KOH	56.1	1.52	50.0	13.5	74.1
氢氧化钾	KOH	56.1	1.09	10.0	1.94	515.5
氢氧化钠	NaOH	40.0	1.53	50.0	19.1	52.4
氢氧化钠	NaOH	40.0	1.11	10.0	2.75	363.6

附录四　常见蛋白质分子质量参考值

蛋白质	分子质量/u
肌球蛋白（myosin）	220000
甲状腺球蛋白（thyroglobulin）	165000
β-半乳糖苷酶（β-galactosidase）	130000
副肌球蛋白（paramyosin）	100000
磷酸化酶 a（phosphorylase a）	94000
血清清蛋白（serum albumin）	68000
L-氨基酸氧化酶（L-amino acid oxidase）	63000
过氧化氢酶（catalase）	60000
丙酮酸激酶（pyruvate kinase）	57000
谷氨酸脱氢酶（glutamate dehydrogenase）	53000
亮氨酸氨肽酶（leucine aminopeptidase）	53000
γ-球蛋白，H 链（γ-globulin, H chain）	50000
延胡索酸酶（反丁烯二酸酶）（fumarase）	49000
卵清蛋白（ovalbumin）	43000
醇脱氢酶（肝）[alcohol dehydrogenase（liver）]	41000
烯醇酶（enolase）	41000
醛缩酶（aldolase）	40000
肌酸激酶（creatine kinase）	40000
胃蛋白酶原（pepsinogen）	40000
D-氨基酸氧化酶（D-amino acid oxidase）	37000
醇脱氢酶（酵母）[alcohol dehydrogenase（yeast）]	37000

续表

蛋白质	分子质量/u
甘油醛磷酸脱氢酶（glyceraldehyde phosphate dehydrogenase）	36000
原肌球蛋白（tropomyosin）	36000
乳酸脱氢酶（lactate dehydrogenase）	36000
胃蛋白酶（pepsin）	35000
转磷酸核糖基酶（phosphoribosyl transferase）	35000
天冬氨酸氨甲酰转移酶，C 链（aspartate transcarbamylase，C chain）	34000
羧肽酶 A（carboxypeptidase A）	34000
碳酸酐酶（carbonic anhydrase）	29000
枯草杆菌蛋白酶（subtilisin）	27600
γ-球蛋白，L 链（γ-globulin，L chain）	23500
糜蛋白酶原（胰凝乳蛋白酶原）（chymotrypsinogen）	25700
胰蛋白酶（trypsin）	23300
木瓜蛋白酶（羧甲基）[papain（carboxymethyl）]	23000
β-乳球蛋白（β-lactoglobulin）	18400
烟草花叶病毒外壳蛋白（TWV 外壳蛋白）（TWV coat protein）	17500
肌红蛋白（myoglobin）	17200
天冬氨酸氨甲酰转移酶，R 链（aspartate transcarbamylase，R chain）	17000
血红蛋白[h（a）emoglobin]	15500
$Q\beta$ 外壳蛋白[$Q\beta$ coat protein]	15000
溶菌酶（lysozyme）	14300
R_{17} 外壳蛋白（R_{17} coat protein）	13750
核糖核酸酶（ribonuclease 或 RNAse）	13700
细胞色素 C（cytochrome C）	11700
糜蛋白酶（胰凝乳蛋白酶）（chymotrypsin）	11000 或 13000

附录五 常见蛋白质等电点参考值

蛋白质	pI
鲑精蛋白（salmine）	12.1
鲱精蛋白（clupeine）	12.1
鲟精蛋白（sturine）	11.71
胸腺组蛋白（thymus histone）	10.8
珠蛋白（人）[globin（human）]	7.5
卵清蛋白（ovalbumin）	4.71；4.59
伴清蛋白（conal bumin）	6.8；7.1
血清清蛋白（serum albumin）	4.7~4.9
肌清蛋白（myoal bumin）	3.5
肌浆蛋白 A（myogen A）	6.3
β-乳球蛋白（β-lactoglobulin）	5.1~5.3
卵黄蛋白（livetin）	4.8~5.0
γ_1-球蛋白（人）[γ_1-globulin（human）]	5.8；6.6
γ_2-球蛋白（人）[γ_2-globulin（human）]	7.3；8.2
肌球蛋白 A（myosin A）	5.2~5.5
原肌球蛋白（tropomyosin）	5.1
铁传递蛋白（siderophilin）	5.9
胎球蛋白（fetuin）	3.4~3.5
血纤蛋白原（fibrinogen）	5.5~5.8
α-眼晶体蛋白（α-crystallin）	4.8
β-眼晶体蛋白（β-crystallin）	6.0

续表

蛋白质	pI
花生球蛋白（arachin）	5.1
伴花生球蛋白（conarachin）	3.9
角蛋白类（keratins）	3.7~5.0
还原角蛋白（kerateine）	4.6~4.7
胶原蛋白（collagen）	6.5~6.8
鳔胶原（ichthyocol）	4.8~5.2
白明胶（gelatin）	4.7~5.0
α-酪蛋白（α-casein）	4.0~4.1
β-酪蛋白（β-casein）	4.5
γ-酪蛋白（γ-casein）	5.8~6.0
α-卵清黏蛋白（α-ovomucoid）	3.83~4.41
$α_1$-黏蛋白（$α_1$-mucoprotein）	1.8~2.7
卵黄类黏蛋白（vitellomucoid）	5.5
尿促性腺激素（urinary gonadotropin）	3.2~3.3
溶菌酶（lyso zyme）	11.0~11.2
肌红蛋白（myoglobin）	6.99
血红蛋白（人）［hemoglobin（human）］	7.07
血红蛋白（鸡）［hemoglobin（hen）］	7.23
血红蛋白（马）［hemoglobin（horse）］	6.92
血蓝蛋白（hemerythrin）	4.6~6.4
蚯蚓血红蛋白（chlorocruorin）	5.6
血绿蛋白（chlorocruorin）	4.3~4.5
无脊椎动物血红蛋白（erythrocruorin）	4.6~6.2
细胞色素 C（cytochrome C）	9.8~10.1
视紫质（rhodopsin）	4.47~4.57

续表

蛋白质	pI
促凝血酶原激酶（thromboplastin）	5.2
α_1-脂蛋白（α_1-lipoprotein）	5.5
β_1-脂蛋白（β_1-lipoprotein）	5.4
β-卵黄脂磷蛋白（β-lipovitellin）	5.9
芜菁黄花病毒（turnip yellow virus）	3.75
牛痘病毒（vaccinia virus）	5.3
生长激素（somatotropin）	6.85
催乳激素（prolactin）	5.73
胰岛素（insulin）	5.35
胃蛋白酶（pepsin）	~1.0
糜蛋白酶（胰凝乳蛋白酶）（chymotrypsin）	8.1
牛血清白蛋白（bovine serum albumin）	4.9
核糖核酸酶（牛胰）[ribonuclease 或 RNAse（bovine pancreas）]	7.8
甲状腺球蛋白（thyroglobulin）	4.58
胸腺核组蛋白（thymonucleohistone）	~4

附录六　硫酸铵饱和度常用表

1. 调整硫酸铵溶液饱和度计算表（25℃）

		\multicolumn{15}{c}{硫酸铵终浓度/%饱和度}
		10	20	25	30	33	35	40	45	50	55	60	65	70	75	80	90	100
		每1L溶液加固体硫酸铵的克数*																
硫酸铵初浓度/%饱和度	0	56	114	144	176	196	209	243	277	313	351	390	430	472	516	561	662	767
	10		57	86	118	137	150	183	216	251	288	326	365	406	449	494	592	694
	20			29	59	78	91	123	155	190	225	262	300	340	382	424	520	619
	25				30	49	61	93	125	158	193	230	267	307	348	390	485	583
	30					19	30	62	94	127	162	198	235	273	314	356	449	546
	33						12	43	74	107	142	177	214	252	292	333	426	522
	35							31	63	94	129	164	200	238	278	319	411	506
	40								31	63	97	132	168	205	245	285	375	469
	45									32	65	99	134	171	210	250	339	431
	50										33	66	101	137	176	214	302	392
	55											33	67	103	141	179	264	353
	60												34	69	105	143	227	314
	65													34	70	107	190	275
	70														35	72	153	237
	75															36	115	198
	80																77	157
	90																	79

注：*在25℃下，硫酸铵溶液由初浓度调到终浓度时，每升溶液所加固体硫酸铵的克数。

2. 调整硫酸铵溶液饱和度计算表（0℃）

	在 0℃ 硫酸铵终浓度/%饱和度																
	20	25	30	35	40	45	50	55	60	65	70	75	80	85	90	95	100
	每 100mL 溶液加固体硫酸铵的克数*																
硫酸铵初浓度/%饱和度																	
0	10.6	13.4	16.4	19.4	22.6	25.8	29.1	32.6	36.1	39.8	43.6	47.6	51.6	55.9	60.3	65.0	69.7
5	7.9	10.8	13.7	16.6	19.7	22.9	26.2	29.6	33.1	36.8	40.5	44.4	48.4	52.6	57.0	61.5	66.2
10	5.3	8.1	10.9	13.9	16.9	20.0	23.3	26.6	30.1	33.7	37.4	41.2	45.2	49.3	53.6	58.1	62.7
15	2.6	5.4	8.2	11.1	14.1	17.2	20.4	23.7	27.1	30.6	34.3	38.1	42.0	45.0	50.3	54.7	59.2
20	0	2.7	5.5	8.3	11.3	14.3	17.5	20.7	24.1	27.6	31.2	34.9	38.7	42.7	46.9	51.2	55.7
25		0	2.7	5.6	8.4	11.5	14.6	17.9	21.1	24.5	28.0	31.7	35.5	39.5	43.6	47.8	52.2
30			0	2.8	5.6	8.6	11.7	14.8	18.1	21.4	24.9	28.5	32.3	36.2	40.2	44.5	48.8
35				0	2.8	5.7	8.7	11.8	15.1	18.4	21.8	25.4	29.1	32.9	36.9	41.0	45.3
40					0	2.9	5.8	8.9	12.0	15.3	18.7	22.2	25.8	29.6	33.5	37.6	41.8
45						0	2.9	5.9	9.0	12.3	15.5	19.0	22.6	26.3	30.2	34.2	38.3
50							0	3.0	6.0	9.2	12.5	15.9	19.4	23.0	26.8	30.8	34.8
55								0	3.1	6.2	9.5	12.9	16.4	19.7	23.5	27.3	31.3
60									0	3.1	6.3	9.7	13.2	16.8	20.1	23.1	27.9
65										0	3.1	6.3	9.7	13.2	16.8	20.5	24.4
70											0	3.2	6.5	9.9	13.4	17.1	20.9
75												0	3.2	6.6	10.1	13.7	17.4
80													0	3.3	6.7	10.3	13.9
85														0	3.4	6.8	10.5
90															0	3.4	7.0
95																0	3.5
100																	0

注：* 在 0℃下，硫酸铵溶液由初浓度调到终浓度时，每 100mL 溶液所加固体硫酸铵的克数。

参考文献

[1] 陈钧辉,李俊. 生物化学实验[M]. 5版. 北京:科学出版社,2014.

[2] 张文强. 一种可视型分子筛体系的构建及亮氨酸拉链作为影响蛋白构象工具的初探[D]. 金华:浙江师范大学,2014.

[3] 浙江师范大学生物学实验教学示范中心. 荧光蛋白的分离纯化——亲和层析和凝胶过滤层析的应用[R]//教育部高等学校实验教学指导委员会,熊宏齐. 高等学校实验教学典型案例汇编上册[C]. 北京:高等教育出版社,2019.

[4] Zhang W, Cao Y, Xu L, et al. A laboratory exercise for visible gel filtration chromatography using fluorescent proteins[J]. Biochemistry and Molecular Biology Education,2015,43:33-38.

[5] Yang Y, Ma J, Zhang X, et al. Yeast 3′,5′-bisphosphate nucleotidase:An affinity tag for protein purification[J]. Protein Expression and Purification,2014,97:81-87.

[6] 史锋. 生物化学实验[M]. 杭州:浙江大学出版社,2002.

[7] 赵亚华,高向阳. 生物化学与分子生物学实验技术教程[M]. 北京:高等教育出版社,2005.

[8] 赵永芳,黄健. 生物化学技术原理及应用[M]. 4版. 北京:科学出版社,2008.

[9] 陈毓荃. 生物化学实验方法和技术[M]. 北京:科学出版社,2002.

[10] 王学奎. 植物生理生化实验原理和技术[M]. 2版. 北京:高等教育出版社,2006.

[11] Du Z, Li J. Expression, purification and molecular characterization of a novel transcription factor KcCBF3 from *Kandelia candel*[J]. Protein Expression and Purification,2019,153:26-34.

[12] 魏群. 基础生物化学实验[M]. 2版. 北京:高等教育出版社,2019.

[13] 李钧敏. 分子生物学实验[M]. 2版. 杭州:浙江大学出版社,2020.

[14] 张丽萍,魏民,王桂云. 生物化学实验指导[M]. 北京:高等教育出版社,2012.

[15] 张龙翔,张庭芳,李令媛. 生化实验方法技术[M]. 3版. 北京:高等教育出版社,1997.

[16] 张瑞英,胡岚岚,武金霞. 单糖薄层层析实验的改进[J]. 实验室科学,2012,15(5):45-46.

[17] 黄毅,袁小红. 离子交换分离混合氨基酸实验方法的改进[J]. 实验科学与技术,2013,11(4):35-36.

[18] 杨荣武. 生物化学原理[M]. 3版. 北京:高等教育出版社,2018.

[19] 马小第,杜雅娟,张国艳,等. 酪氨酸酶抑制剂快速筛选方法的建立[J]. 中国食品工业,2020(Z2)69-71.

[20] Lu Y H, Chen J, Wei D Z, et al. Tyrosinase inhibitory effect and inhibitory mechanism of tiliroside from raspberry[J]. Journal of Enzyme Inhibition & Medicinal Chemistry,2009,24(5):1154.

[21] 徐丽珊,林颖,张姚杰,等. 一年蓬、松针提取物对鲜切果蔬的防褐变应用研究[J]. 浙江师范大学学报(自然科学版),2017,40(2):196-200.

[22] 刘箭. 生物化学实验教程[M]. 2版. 北京:科学出版社,2010.

[23] 李宝珠,赵丽哲,宁晓玲. 猪心中细胞色素C分离提纯的研究[J]. 中国生化药物杂志,1995,16(5):221-223.

[24] 韦莹珏,彭灿,张敏,等. 兔血清白蛋白和IgG的分离纯化与鉴定[J]. 华夏医学,2007,20:424-426.

[25] 周静. 乳酸脱氢酶的分离纯化及其性质的研究[J]. 赤峰学院学报(自然科学版),2009,25:111-113.